【情報化時代の基礎知識】

[第4版]

[編著] 岡田 工

[共著] 福﨑 稔
守屋 政平
佐藤 弘幸
宇津 圭祐
谷口 郁生

ポラーノ出版

はじめに

　「情報化が進む」ことによって、社会はどのように変化してきたのだろうか。様々な事務手続きや書類作成、科学技術計算、データの視覚化、ゲーム、映画、投稿画像など、私たちは、あらゆる場面で情報化の恩恵を得ている。そのことを反映してか、ワープロ、表計算、プログラミング、画像処理技術といった操作方法を会得することが情報技術を持つことと考える風潮が根強く、「情報処理＝コンピュータ技術」といった短絡的見方は変わっていない。情報処理そのものは、コンピュータが存在しない時代から行われてきており、その作業効率の向上にコンピュータは役立ってきたという歴史がある。コンピュータ操作技術を持つことは情報処理の効率化を図ることである。その意味で、最近のコンピュータの進歩は大いに歓迎されることである。しかし私たちには、コンピュータ技術・機能の向上によって得られた膨大なデータから、情報を識別、認知する能力が、より強く求められていることを理解していなければならない。

　情報技術の発展は、コンピュータの発達と同じ意味で使われることが多いが、これはコンピュータなしでは情報処理の効率化が不可能であるという現実的な解釈によるものである。しかし、情報処理には必ず論理的思考による高度な認知処理が必要であることを忘れてはならない。

　情報技術の進化と共に、ここ数年では生成系 AI も大きな役割を果たしている。生成系 AI は、膨大なデータをもとに新しい情報やコンテンツを生成する技術であり、私たちの生活や仕事においてますます重要な存在となっている。例えば、文章の自動生成、画像の生成、音声の生成など、様々な分野で活用されている。私たちはより効率的に情報を処理し、新しい価値を創造することができるようになった。

　本書ではこうした視点から、情報化社会が構築されてきた歴史、コンピュータのデータ処理機能、現代のネットワーク社会の構造などについて解説することで、情報化社会の全体像を理解できるように構成した。具体的には、1章でデジタル情報化社会と情報処理について、2章ではコンピュータを理解

するために、計算の道具がどのような思考過程で開発され、使われてきたかを述べた。3 章では「半導体」の開発過程と半導体素子の開発過程と IC、LSI を用いたコンピュータの開発について、4 章以降ではコンピュータにおける基本的なデータの扱い・表現、ハードウェアとソフトウェアについて述べた。後半の 8、9 章では、今日のインターネット社会を理解するために、コンピュータネットワークの歴史から通信方式、ネットワーク管理方式からネットワーク社会のインフラ整備について説明し、いわゆるネット社会構築の背景と現状を解説した。また東日本大震災の経験から、大規模災害と通信インフラについての項目を追加した。10、11 章ではインターネット社会の問題点、情報セキュリティ、法令順守、情報倫理について解説した。

　本書が情報化社会に生きる諸君の一助になればと願うものである。

2025.4　　第 4 版出版にあたり　編者記す

目　次　Contents

01　デジタル情報化社会 ………………………………… 1

1-1　e-JAPAN 戦略 ……………………………………… 2
　1-1-1　デジタル・デバイドのないインフラ整備 ……………… 3
　1-1-2　ネットワーク社会におけるユーザーの倫理 …………… 4
　1-1-3　IT 人材の育成 …………………………………… 5
1-2　情報処理の世界 …………………………………… 6
　1-2-1　情報処理の定義 ………………………………… 7
　1-2-2　情報、データ、知識：Information、Data、Knowledge ………… 9

02　計算の道具──コンピュータ誕生まで ………………13

2-1　人間の生活と計算の道具の歴史 ………………… 13
　2-1-1　ギリシャのアバカス＜ Abacus ＞ ………………… 13
　2-1-2　計算尺、ネピアの算木など ……………………… 16
2-2　初期の機械式計算機 ……………………………… 17
　2-2-1　ウィルヘルム・シッカルドの計算機 ……………… 17
　2-2-2　パスカルの計算機 ＜パスカリーヌ＞ …………… 18
　2-2-3　ライプニッツの計算機 …………………………… 19
　2-2-4　トーマのアリスモメータ（Arithmometer）とそれ以降 … 20
2-3　バベージの計算機──自動計算機の夢 ………… 22
　2-3-1　階差エンジン（Difference Engine）……………… 22
　2-3-2　解析エンジン（Analytical Engine）……………… 23
　2-3-3　プログラムカード ………………………………… 23
2-4　ホレリスの統計機械
　　　　　──Automatic electrical Tabulating Machine ………… 23
2-5　リレー式自動計算機（Harvard MARK-1 など） ……………… 26

page　v

Contents

2-6	ENIAC ＜最初の電子式計算機＞ ………………………	27
2-7	プログラム内蔵方式（Program Stored Method）………………	29
2-8	EDSAC、EDVAC など……………………………………………	29

03 コンピュータ進化の過程──実用化の歴史 ……………33

3-1	コンピュータの実用化の段階──世代 …………………………	33
3-2	無線通信と整流作用（半導体研究の発端は無線通信）…………	34
3-3	真空管世代 ＜第 1 世代＞ 1951-57 …………………………	35
3-4	真空管から半導体へ ……………………………………………	36
3-4-1	電気とはなんだろう ………………………………………	36
3-4-2	固体の物理学の歴史と半導体 ……………………………	37
3-4-3	半導体と鉱石整流器（ダイオード）………………………	38
3-4-4	トランジスタ ………………………………………………	39
3-4-5	トランジスタから IC へ …………………………………	41
3-5	トランジスタ・コンピュータ世代 ＜第 2 世代＞ 1958-63 ……	42
3-6	集積回路と CPU …………………………………………………	43
3-7	集積回路世代 ＜第 3 世代＞ 1964 〜 ………………………	47
3-8	日本のコンピュータ開発 ………………………………………	48
3-8-1	日本の実用コンピュータの夜明け ………………………	48
3-8-2	ICOT- 第 5 世代ということ	
	＜ ICOT: Institute for new COmputer Technology ＞ …………	49
3-9	コンピュータ実用化世代のテクノロジー ………………………	50
3-9-1	記憶素子 ……………………………………………………	50
3-9-2	印刷技術 ……………………………………………………	52
3-9-3	入出力技術 ＜穴あきから磁気、そして IC 技術へ＞……………	54
3-10	コンピュータの世界──その多様性 …………………………	54
3-10-1	スーパーコンピュータ ……………………………………	55
3-10-2	汎用コンピュータの分化…………………………………	56
3-10-3	パソコンの世界 ……………………………………………	56

04 データの表現 ……61

- 4-1　2進数の世界（10進数と2進数の違い） …… 61
- 4-2　n進数（2進数、8進数、10進数、16進数）への変換 …… 63
- 4-3　記憶の単位 …… 67
- 4-4　文字と数字の表現 …… 68
  - 4-4-1　ローマ字の世界の文字表現 …… 68
  - 4-4-2　漢字の表現（JIS漢字コード・シフトJIS・Unicorde）…… 71
  - 4-4-3　Unicodeと国際標準規格 …… 72
  - 4-4-4　2進化10進数（BCD：Binary Coded Decimal）…… 73
  - 4-4-5　整数と実数の扱い …… 74
- 4-5　論理回路とブール代数 …… 77
- 4-6　2進数の計算 …… 82
- 4-7　デジタル画像・音声データの扱い …… 83
  - 4-7-1　デジタル画像 …… 83
  - 4-7-2　音声データ …… 85

05 コンピュータ・システム ……89

- 5-1　ハードウェア …… 90
  - 5-1-1　CPU（Central Processing Unit）中央演算装置 …… 91
  - 5-1-2　記憶装置（Memory）…… 92
  - 5-1-3　入力装置 …… 97
  - 5-1-4　出力装置 …… 99
  - 5-1-5　インターフェースと周辺機器 …… 100
- 5-2　ソフトウェア …… 103
  - 5-2-1　OS …… 103
  - 5-2-2　ミドルウェア …… 106
  - 5-2-3　言語処理：プログラム言語（Program language）…… 106
  - 5-2-4　利用者プログラム …… 108

Contents

06 情報処理システム ・・・・・・・・・・・・・ 113

6-1 データベースの考え方 ・・・・・・・・・・・・ 113

6-2 ハードウェアの機能から見た形態 ・・・・・・・・・・・・ 114

6-3 処理のタイミングから見た形態 ・・・・・・・・・・・・ 115

6-4 商用情報処理システムのいろいろ ・・・・・・・・・・・・ 115

6-4-1 受託計算システム ・・・・・・・・・・・・ 116

6-4-2 ATM システム ・・・・・・・・・・・・ 116

6-4-3 POS システム（point of sales system） ・・・・・・・・・・・・ 118

6-4-4 宅配配送システム ・・・・・・・・・・・・ 119

6-4-5 交通系 IC カードについて ・・・・・・・・・・・・ 120

07 ソフトウェア開発 ・・・・・・・・・・・・・ 123

7-1 ソフトウェア開発の流れ ・・・・・・・・・・・・ 123

7-2 ソフトウェア開発モデル ・・・・・・・・・・・・ 124

7-3 ソフトウェア開発支援ツール ・・・・・・・・・・・・ 125

7-4 ソフトウェア開発手法 ・・・・・・・・・・・・ 125

7-5 ソフトウェアの信頼性とテスト ・・・・・・・・・・・・ 127

7-6 UML とは ・・・・・・・・・・・・ 128

08 コンピュータネットワーク世界の広がり ・・・・・・・・ 137

8-1 LAN、WAN ・・・・・・・・・・・・ 138

8-2 インターネットの歴史 ・・・・・・・・・・・・ 138

8-3 回線交換方式とパケット交換方式 ・・・・・・・・・・・・ 141

8-3-1 回線交換方式による通信 ・・・・・・・・・・・・ 141

8-3-2 パケット交換方式による通信 ・・・・・・・・・・・・ 141

8-4 日本のインターネットの黎明 ・・・・・・・・・・・・ 143

8-5 インターネットの仕組み＜プロトコル＞ ・・・・・・・・・・・・ 144

8-6	インターネットのプロトコル	145
8-6-1	アプリケーションプロトコル	145
8-6-2	トランスポートプロトコル	147
8-6-3	IP と IP アドレス	148
8-6-4	IP アドレスと DNS（Domain Name System）	150
8-7	ドメイン名の構造	151
8-8	IP アドレスとドメインの管理機構	153

09 ネットワーク社会の通信インフラ設備 157

9-1	通信ネットワークインフラ	158
9-1-1	バックボーンネットワーク	158
9-1-2	アクセスネットワーク	161
9-2	固定電話と市場の変化	163
9-2-1	従来型の加入電話	163
9-2-2	IP 電話	163
9-2-3	通話アプリによるインターネット利用型電話	164
9-3	モバイルネットワーク（移動体通信網）の進歩	164
9-3-1	第1世代　アナログ携帯電話の時代	165
9-3-2	第2世代　デジタル携帯電話の時代	165
9-3-3	第3世代　高速データ通信の時代	166
9-3-4	第4世代　超高速データ通信の時代に向けて	167
9-4	ローカルエリアネットワーク（LAN）と近距離無線通信	167
9-4-1	有線 LAN	167
9-4-2	無線 LAN	167
9-4-3	PLC（Power Line Communication: 電力線通信）	168
9-4-4	近距離無線通信	168
9-5	大規模災害と通信インフラ	169
9-6	無線アドホックネットワーク	170
9-7	クラウドコンピューティング	170

page | ix

Contents

10 インターネットと情報セキュリティ ········· 175

10-1 インターネット利用に潜むセキュリティリスク ·········· 175
10-1-1 インターネットにおける脅威 ········· 175
10-1-2 脅威の主体 ········· 175
10-1-3 脅威の分類 ········· 177

10-2 侵入経路と被害のかたち ········· 178
10-2-1 脅威の具体的な侵入手口 ········· 178
10-2-2 脅威の結果としてもたらされる被害、程度、範囲 ········· 182

10-3 情報セキュリティとは何か ········· 184
10-3-1 情報セキュリティのCIA ········· 184
10-3-2 セキュリティのその他の特性 ········· 185
10-3-3 リスクマネジメントとしての情報セキュリティ ········· 186

10-4 脅威への対策とセキュリティ・ポリシー ········· 186
10-4-1 脅威への対策と対処 ········· 187
10-4-2 セキュリティ・ポリシーとインシデント対応 ········· 190

11 法令遵守と情報倫理
——被害者にならない、そして加害者にもならないために ······ 195

11-1 法の理解と遵守 ········· 195

11-2 コンピュータ犯罪に対する法的措置 ········· 196
11-2-1 日本におけるコンピュータ犯罪と刑法改正 ········· 196
11-2-2 コンピュータ犯罪関連法 ········· 197
11-2-3 ネットワークの開放と新たな犯罪要件の出現 ········· 198

11-3 ハイテク犯罪への対応 ········· 199
11-3-1 不正アクセス禁止法とネットワーク利用犯罪に対する法的措置 199
11-3-2 インターネットにまつわる事件と公的機関による取り組み ······ 203

11-4 サイバー犯罪の国際化への対応 ········· 204
11-4-1 コンピュータやネットワークを利用した犯罪の国際化について 204
11-4-2 サイバー犯罪条約と情報セキュリティポリシー ········· 205

11-4-3　個人関係と国家関係が直結するインターネット環境 ……… 206
11-4-4　愉快犯か、経済事犯か、テロリズムか、戦争か ……… 207
11-5　被害者にならないために、加害者にならないために …… 208
11-5-1　サイバーセキュリティ事件簿 ……………… 208

参考文献 ………………………………… 213
参考URL ………………………………… 215
INDEX ………………………………… 216

コラム
　①アラビア数字、ローマ数字、漢数字 ………… 85
　②コンピュータ開発の先見性 ………………… 112
　③ドメイン名の命名法 ………………………… 155
　④フリー百科事典「ウィキペディア」 ………… 173

◉次のテーマについてグループで話し合ってみましょう
　1章 ……………………………………………… 11
　2章 ……………………………………………… 31
　3章 ……………………………………………… 60
　4章 ……………………………………………… 87
　5章 ……………………………………………… 111
　6章 ……………………………………………… 121
　7章 ……………………………………………… 135
　8章 ……………………………………………… 154
　9章 ……………………………………………… 172
　10章 …………………………………………… 193
　11章 …………………………………………… 212

page | xi

| ▶ chapter | ▶ title |

01 デジタル情報化社会

コンピュータが誕生したのは 1945 年のことで、6 年後の 1951 年には早くも実用化が始まった。そして 1964 年には世界初の集積回路を採用したコンピュータが発表された。集積回路の発達はコンピュータの種類の多様性という現象を生み出した。超高速なスーパーコンピュータの開発、汎用コンピュータも大型、中型及び小型、さらにはマイコン化へと分化し、オフィスコンピュータや制御用コンピュータ等々を送り出している。

1980 年代にホビーとして始まったマイクロプロセッサは集積回路の高性能化および低価格化とともにパーソナルコンピュータという名前でコンピュータの世界に参入し、1990 年代に入るとコンピュータに通信機能を付加することにより、公衆通信回線を利用したコンピュータとコンピュータを結びつけるというコンピュータネットワークの世界が大きく展開した。今日の情報化社会はパーソナルコンピュータ、スマートフォン、タブレット端末など情報通信機器を抜きにしては考えられないという状況にある。

このようにコンピュータネットワークの広がりによってわれわれの生活様式は大きく変貌している。社会構造を維持するための産業、経済さらに文化が、**IT**（**Information Technology**）を中心軸とした様式へ移行している。こうした急激な社会基盤の変化に対して、ネットワーク社会形成に関する基本理念や施策に関する基本方針など定め、国が法的に対処するために 2001 年 1 月 6 日に「高度情報通信ネットワーク社会形成基本法」を施行した。これを簡単に **IT 基本法**という。「e-Japan戦略」が政府 IT 戦略本部によってまとめられ、インターネットインフラの整備が進んでいった。さらに 2005 年度 IC 政策大綱、2006 年度 IC 政策大綱に続いて、重点計画──2006 が発表されて、情報化社会構築のためのインフラや法整備が大

chapter1　デジタル情報化社会

きく進展していった。

1-1　e-JAPAN 戦略

　政府は社会構造のコンピュータによる急激な変化を情報革命＜ IT 革命＞と捉え「e-Japan 戦略」を策定し、次のような目標を掲げている。
- ・世界最高水準の高度情報通信ネットワークの形成
- ・教育および学習の振興
- ・人材の育成
- ・行政の情報化
- ・高度情報通信ネットワークの安全性および信頼性

　IT 基本法は施行後 3 年以内に検討を加え必要な措置を講ずるものとするとしており、2003 年に「e-Japan 戦略Ⅱ」、そして 2006 年 1 月には「IT 新改革戦略」、7 月には重点計画 2006 が発表された。IT 新改革戦略では次のように述べられている。

> 　我が国のめざすべき姿は、第一に「いつでも、どこでも、誰でも」使えるユビキタスなネットワーク社会を、セキュリティ確保やプライバシー保護等に十分留意しつつ実現することである。そして第二にそれによって世界最高水準のインフラや、潜在的な活用能力・技術環境を有する最先端の IT 国家であり続けることである。
>
> 　このような IT 社会の実現をめざし、世界で進展しつつある次世代の IT 革命を先導するフロントランナーとして、世界に誇れる日本の国づくりを進め、2010 年には IT による改革を完成するという IT 新改革戦略の目標の達成をより確実なものとするための第一歩として、ここに高度情報通信ネットワーク社会の形成のために政府が迅速かつ重点的に実施すべき施策の全容を明らかにする「重点計画 2006」を策定する。

　また重点計画 2006 の「IT 新改革戦略を推進するための施策」では次の点が 指摘されている。
- ・「いつでも、どこでも、誰でも」使える
- ・デジタル・デバイドのないインフラ整備
- ・世界一安心できる IT 社会

・次世代を見据えた人的基盤づくり
・世界に通用する高度 IT 人材の育成
・次世代の IT 社会の基盤となる研究開発の推進

2007 年に「重点計画 2007」、2008 年 8 月に「重点計画 2008」が発表された。「重点計画 2008」では『『IT 政策ロードマップ』および『IT 新改革戦略』に掲げられた目標を確実に達成するための政府が迅速かつ重点的に実施するべき具体的施策」が述べられている。

1-1-1　デジタル・デバイドのないインフラ整備
＜いつでも、どこでも、誰でも＞
2003 年の IT 基本法でも述べられた「世界最高水準の高度情報通信ネットワークの形成」は「いつでも、どこでも、誰でも」という情報化社会の基本的な環境であり、その整備の必要性を「重点計画 2006」で再度指摘したものである。

デジタル・デバイドとは、コンピュータがデジタル・データを処理する装置であることから使われる言葉であるが、「情報格差」と表される。インターネットへのアクセス環境の格差、そして個人のインターネット環境利用能力格差等を意味する。こうした格差という課題は社会構造の急激な変化の過程で常に引き起こされるものである。しかし今日の社会構造の情報化という変化はこれまでに経験したことのない速度で進行している。このためにデジタル・デバイドは看過できないものとして認識せざるを得ないのである。「誰でも」が使える、即ち情報化社会の利便性を享受できるためには、全ての人々が一様にコンピュータ環境を利用できなければならない。

2003 年の IT 基本法の目標である情報格差解消という課題が、2006 年の IT 新改革戦略においても取り上げられているということは、情報格差が解消されていないということを示している。

（1）地域情報格差
情報化社会を政府は「高度情報通信ネットワーク社会」と定義しているように、基本的には公衆電話回線網という情報通信網を利用してのコンピュータとコンピュータ、モバイル端末との接続形態である。

今日の日本では特別な僻地・過疎地でなければ公衆電話回線網が整備されており

chapter1 デジタル情報化社会

有線電話が使える状況にある。また無線系を利用する回線も日々接続領域は拡大しており、全ての地域で同等に保証されている状況には近づいている。光通信ケーブルによる新しい通信インフラの整備も急速に進んでいる。こうした新しいサービスは人口密度の高い、即ち利用者数が圧倒的に多い都市部を中心としたものであり、いわゆる地方ではその整備は遅れることが多い。そのような地域を、政府は「ブロードバンド・ゼロ地域」と呼び IT 新改革戦略では全世帯 BB（ブロードバンド）化を 2010 年までに実現するとしている。BB の国レベルでの格差の実情が国際電気通信連合（ITU）の「2013 年インターネット報告書」で発表されたが、ICT 普及度ランキング（IDI：ICT Development Index）で、日本は 12 位となっている。また、日本沿岸を航行する漁船や高層ビルなど、モバイル通信接続が十分ではない場所も存在する。

（2）個人情報格差

　情報化社会ではパーソナルコンピュータやモバイル端末が重要な役割を果たしているが、こうした機器を「誰でも」が使えるという状況にはない。年齢層に起因する情報格差は情報化社会形成があまりにも急激であった結果である。情報化社会に暮らす子供から老人まで、すべての国民が等しく情報化の恩恵を受ける環境は整備されていない。

　今日の教育の現場では情報教育は小学生段階から行う状況にあるが、シニア層はコンピュータの存在しない時代に育っている。インターネット構想がアメリカで発表されたのは 1973 年のことであるが、こうした時代に教育を受けた年代にとっては、コンピュータネットワークという情報環境は、当たり前に存在する環境ではない。すべての人々が一様に IT 基本法にいうサービスを受けられる状況に達するように環境整備が望まれる。

1-1-2　ネットワーク社会におけるユーザーの倫理

　これまでに見てきたように、IT 基本法の施行後、e-Japan 戦略、e-Japan 戦略 II、u-Japan 構想、u-Japan 政策など、国を主導とした IT 環境整備計画によって、私たちの生活様式は大きく変貌を遂げてきている。ネットワークを中心にコミュニケーションの方法も変わり、メール、IP 電話は当たり前の道具となっている。またユーザーの情報リテラシー能力の向上も手伝って、インターネット上に動画情報までも配信できるようになってきている。簡単に情報発信が可能になることで、発信され

4　page

る情報内容も公共的な内容から地域性あるいは特定団体や個人を中心とするものまで多彩に広がってきている。

ITインフラの整備は、**u-Japan構想**で目標としている、「"**いつでも、どこでも、何でも、誰でも**"ネットワークに簡単につながる社会」を実現させたものといえる。こういったインターネットコミュニケーション社会では、安心・安全の確保のために、われわれユーザーが考え厳守しなければならない「決まり」が大変重要になってくる。単純に考えても、「個人情報」「知的財産権」「肖像権」「著作権」などネットワークに配信しやすい情報は、逆に侵害され易くもなる。比較的広域のネットワークを構築している団体・企業などは情報のセキュリティに関する考え方（セキュリティポリシー）を明確に示し、不正な情報交換による上述のような権利の侵害が起こらないような対策を講じている。さらにエンドユーザーの保護を目的とした教育（遵守事項の作成）を行っている。こういった取り組みによって、対象となるユーザーデータの保護責任を果たしている。遵守事項はセキュリティポリシーに従って作成されるものであり、エンドユーザーのネット上での**マナー（ネチケット）**に関する事項も含んだ内容となっている。こういった事項は、インターネットを利用するすべてのユーザーが最低限守らなければならない内容であることを忘れてはならない。

さらに個人情報保護の観点でIT環境を考えると、ホームページ上に個人が特定できるような資料を掲載するには、本人の許可が必要であることは言うまでもないことである。個人情報保護を過剰に判断してしまえば、有用な情報の発信は不可能になってしまうことも考えられるが、こういったこともユーザーの個人的判断による危険性がある。今後はインターネットコミュニケーション社会全体に適応できるセキュリティポリシーと、エンドユーザーが遵守すべき総合的ガイドラインの作成が必要となる。

1-1-3　IT人材の育成

> ・次世代を見据えた人的基盤づくり
> ・世界に通用する高度IT人材の育成

重点計画では、「次世代の」、「世界に通用する」高度IT人材の育成を挙げている。これはわが国が高度情報通信ネットワーク社会の一員として世界に取り残されない

chapter1　デジタル情報化社会

ための重要な人材養成の側面である。しかし、デジタル・デバイドの個人的な側面を解決するための人材の育成も欠かせない課題である。

　1960年代に日本の大学でもコンピュータを導入するようなり、コンピュータ社会をにらんだコンピュータ人材養成のための教育を推進するようになった。今日では大学でのコンピュータ教育にとどまらず、高等学校で、そして中学校、さらには小学校へと段階的にコンピュータ教育の場が初等教育にまで拡大している。次世代を担う今日の若年層への教育として欠かせない課題である。

　しかし今日の情報化社会に暮らす全ての人が一様にその恩恵を享受できる環境にはない。これは特に年齢層情報格差として問題になるところである。コンピュータの過激ともいうべき社会浸透は、コンピュータ教育という機会を持つことのなかった中高年齢層をして、今日の情報革命という急激な社会構造の変化に対応できずに取り残してしまっている。

　このような年齢層格差＝個人情報格差を解消する積極的なサポート人材の確保・育成も忘れてならない課題である。基礎的な部分での人材養成・確保、そして次世代IT社会を見据えたIT技術者の養成は、日本が情報大国として生きていくための重要な条件である。

1-2　情報処理の世界

　われわれの生活空間に存在している変化量（日差しの強さや温度の変化）は、連続的に変化する量である。私たちは、こういった自然の変化を"なめらか"に感じ取り季節の移ろいを実感する。こういった変化量を**アナログ量**と呼び、連続的に変化する量と説明する。これに対して、コンピュータで数値を取り扱う場合には、値の変化を厳密に連続的に表現することができないため、トビトビの値の変化に変換される。このような量を**デジタル量**と呼ぶ。この制約はコンピュータが0, 1の組み合わせで情報表現を行っているからであるが、デジタル量の変化でも値の表現を工夫すればアナログ量のように表現することはできる。

　コンピュータによる情報処理の世界は急激な広がりを見せているが、その劇的ともいうべき高性能化は、開発当初のコンピュータでは不可能であった文字情報、画像情報や音声情報の処理、音声・動画通信を可能にして、コンピュータの役割を単純な計算機からあらゆる種類の情報処理装置に変貌させてきた。今日の社会には「情報」という言葉が氾濫し、そしてコンピュータが「情報処理」をするのだと考えて

しまう。確かに「コンピュータを使用して行う処理一般のこと」と説明する辞書もある。コンピュータは情報処理ができる機械ではあるが、最適な答えを導き出してはくれない。この説明は情報処理、即ちコンピュータという短絡的な考え方を助長するものである。

われわれが日常生活で考え行動している行為は、情報処理そのものなのである。人間はコンピュータの存在しない時代から情報処理を行い生活している。アナログでもデジタルでも、何らかの計測量を**データ**と呼ぶが、われわれはデータを処理する能力を持っていて、そこに意味付けするのが得意である。しかし、通常コンピュータはデータに意味付けを行うのは得意ではない。コンピュータの高性能化に伴いデータ処理の範囲は確実に拡大してきた。そして今日の社会ではコンピュータによる情報処理、コンピュータの優れたデータ処理能力の助け無しには成り立たなくなってきていることも事実である。

コンピュータの情報処理分野を考える時、情報処理とは何か、さらにデータ、情報とは何かを正しく理解しておく必要がある。

1-2-1　情報処理の定義

「**情報処理**」は様々な形で定義されているが、次のような定義を用いる。

> 目的に添って**データ**を集め、形式を整えて記憶・貯蔵し、それらを加工・分析することにより新たな**情報**を創り出し、その情報を伝達する一連の仕事

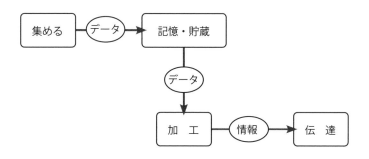

【図 1-1】情報処理

chapter1　デジタル情報化社会

　天文学者ケプラー※1 は、ブラーエ※2 が残した大量な惑星の位置観測記録をもとに「ケプラーの3法則」という次のような惑星運行の規則性を1621年に発表した。

　1.惑星の運動は太陽を一つの焦点とする楕円軌道を描く
　2.惑星の面積速度は一定である
　3.惑星の公転周期の2乗は太陽からの平均距離の3乗に比例する

　この法則の発表までの過程を、情報処理の定義を用いて表現してみよう。

❶**目的に添ってデータを集める**：ブラーエが残したのは観測記録という事実を集めたもの、即ちデータである。ブラーエも惑星の運動法則を見い出す目的をもって観測を行ないデータを集めた。

❷**形式を整える**：ケプラーがこれらデータを使うことができたのは、このブラーエの観測データが形式を整えられて整理されていたからである。

❸**記憶・貯蔵**：ブラーエの観測記録データは整理され、記録として保存＝記憶・貯蔵されていたためにケプラーが利用できた。

❹**加工・分析**：記憶・貯蔵されたデータをケプラーは惑星の運動方程式の仮説に基づき、それを証明すべく加工・分析した。これは膨大な労力のいる計算処理という仕事であった。

❺**新しい情報**：加工・分析の結果、惑星の規則性を説明する運動方程式という新しい情報が得られた。

❻**情報の伝達**：ケプラーはこれを惑星の運動方程式として発表した。

　ケプラーの情報処理を引き合いに出すまでもなく、われわれの生活の中では情報処理は何気なく日常的に行われている。例えば、朝出かけるときに天気予報を聞いて、または空模様を見て、雨に備えるために雨具を持っていくべきかを考えたりする。この場合の情報の伝達先は自分自身である。このように情報処理は自分自身の行動の意志決定のためにも無意識のうちに行われているのである。

※1　Johannes Kepler　1572-1630
※2　Tycho Brahe　1546-1601

1-2-2　情報、データ、知識：Information、Data、Knowledge

　情報処理の定義によれば、データと情報は厳密に区別される。しかし一般的には情報とデータを同一に扱っているが、これは「情報」という言葉を「情報処理」、即ち「コンピュータ」という短絡的な使い方と同じ図式でわれわれは何気なく使っているからである。

　日本工業規格では、コンピュータによる情報処理での「情報」という言葉は、「データに適用される約束に基づいて、そのデータに対して一般に適用している意味」とされている。しかし本書では次のような定義を用いる。

> **情報の定義**
> データが何らかの意志決定に用いられる時、あるいは知識体系への事実の追加や、その訂正に役立つとき、それを情報という

　「データ」がある人にとって何らかの価値、意味を持つ場合はその人は「情報」として受け取る。また受け取る立場により価値、意味は異なってくる。自動車の道路渋滞情報という場合の「情報」は実はデータなのである。自動車を利用する人には有用であり道路渋滞情報は何らかの意志決定に役立つ。しかし自動車を使わない人には何ら意味を持たないものであり、単なる「道路渋滞データ」にすぎない。最新の音楽についてのデータは知識体系への事実の追加になりうるが、これはその音楽に興味を持っている人にはそうであるが、全く興味のない人にとっては知識体系への事実の追加とはなり得ない。このように「データ」と「情報」という言葉は厳密には区別する必要があるが、日常生活の中では何気なく使われているのが実情である。

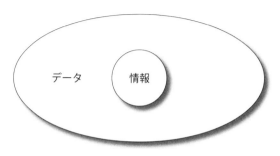

【図 1-2】データと情報

> **データの定義**
> 事実や概念などという現象や性質を、何らかの枠組みに整え形式化したものをデータという

　事実や概念が形式化されることによりデータとして分析・加工の対象になる。さらに人間のコミュニケーションのためにも何らかの枠組を与えることが必要である。この事実や概念をその性質 < Quality > で形式化したものが**定性的データ**であり、数値や分量などという数量 < Quantity > で形式化されるものを**定量的データ**という。このように枠組みには定性的な枠組みと定量的な枠組みがある。あるものは定性的にも定量的にも枠組化できるが、あるものは定性的にしか枠組を作ることができない。

　コンピュータの情報処理の対象となる「目的に添って集められるデータ」は定量的な枠組みにより形式化された定量的なデータである。これは現在のコンピュータは定量的なデータを処理するよう設計されており、定性的データを処理することができないからである。これが今日のコンピュータという**機械装置**の持つ情報処理の限界なのである。

　これに対し人間は定量的データのみでなく、定性的データをも処理している。しかし人間の定量的データの処理の速さには限界があり、また大量のデータを処理するには時間がかかる。

　このために人間の定量的データ処理を補助するための道具としてコンピュータが出現したという事実を明確にしておかなければならない。また**機械による情報処理**にも限界があり、**機械は人間の情報処理の補助的な道具**であることを理解しなければならない。

【図 1-3】 情報処理とその広がり

> **知識の定義**
>
> 知られている内容、認識によって得られた成果、厳密な意味では、原理的・
> 統一的に組織づけられ、客観的妥当性を要求し得る判断の体系

　知識体系への事実の追加や、その訂正に役立つデータが情報であるという場合の
「知識」の広辞苑による定義である。
　知識は単なる個別的な事象や規則だけでなく、表現可能な情報、論理的な情報、
概念的な情報、感性的あるいは感覚的な情報などが体系的に組み立てられた情報全
体を指し、曖昧で不定形な情報や、ある事柄に関しての基礎概念、問題解決の方法
論なども含むものである。

◎ 次のテーマについて、グループで話し合ってみましょう
////////////////////////////////////

1. **コンピュータの進化とその影響**：コンピュータの誕生から現在までの進化と、
   それが社会や産業に与えた影響について
2. **デジタル・デバイドの現状と対策**：情報格差の現状と、それを解消するための
   具体的な施策について
3. **ネットワーク社会における倫理**：ネットワーク社会でのユーザーの倫理やセキュ
   リティポリシーについて
4. **情報処理の定義とその重要性**：情報処理の定義や、データと情報の違い、そし
   てそれが現代社会でどのように重要であるかについて
5. **IT 人材の育成**：次世代の高度 IT 人材の育成と、それが情報化社会に与える影
   響について

> ▸ chapter | ▸ title

02 計算の道具 ──コンピュータ誕生まで

4 大古代文明と呼ばれているエジプト文明、メソポタミア文明、インダス文明そして黄河文明のいずれにおいても暦の存在が知られている。暦を編纂するためには高度な天文学や数学の知識、そして複雑な計算の知識がなければならない。

イギリスの大英博物館は古代エジプトのパピルス文書を数多く保存している事で知られている。このパピルス文書には高度な数学の記述が見受けられる。この数学の知識が巨大ピラミットの建設を可能たらしめた。しかしパピルス文書は古代エジプトにどのような計算の道具があったかを語ってはいない。

2-1　人間の生活と計算の道具の歴史

現存する最古の計算の道具が発掘されたのはギリシャで、紀元前数世紀に栄えたギリシャ文明期の「アバカス」と呼ばれる計算盤である。

2-1-1　ギリシャのアバカス＜ Abacus ＞

1845 年にアテネの西に位置するサラミス島（Salamis Island）で横 149cm、縦 75cm、厚さ約 6cm のほぼ平らな 1 枚の大理石の石盤が見つかった。石盤上には古代ギリシャ数字と線が刻まれていた。これが**サラミスのアバカス（Salamis Abacus）**と呼ばれる現存する世界最古の計算道具である。

サラミスのアバカスは紀元前 4 世紀ないし 5 世紀頃に作られたと考えられている。こうした**大理石製の算盤＜ Abacus or Tablet ＞**は古代ギリシャの主要な港町の近くで数多く発掘されている。このことはギリシャ文明期における地中海交易という経済活動の中で計算の道具の必要性が一層高まり数多くのアバカスが作られた

事を示している。

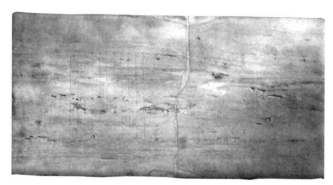

【図 2-1】 サラミスのアバカス（The Salamis Abacus）
（Epigraphic Museum, Athens,Greece 撮影：守屋）

　古代ギリシャの数字体系では、1、5、10、50、100……というように「5」が数の単位になっている。サラミスのアバカスの盤面にはこの古代ギリシャ数字が刻まれている。ちなみに古代ローマ数字体系も、古代ギリシャ数字体系と同様である。
　計算を意味する英語の「calculate」、フランス語の「calculer」の語源が、小石「calculi」であることから推測されるように、小石「calculi」を「アバカス」の上に置くことで四則演算を行っていた。

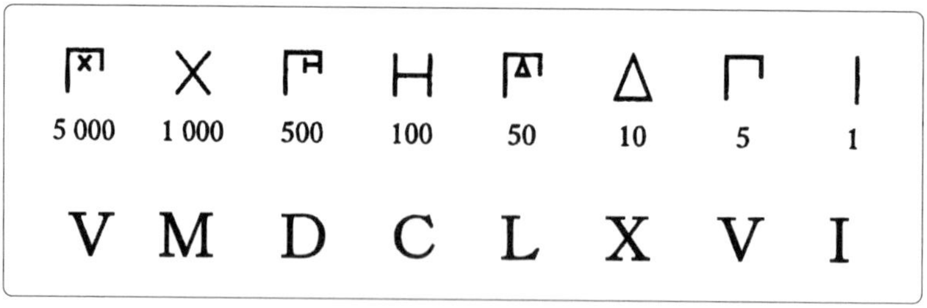

【図 2-2】 古代ギリシャの数字とローマ数字
上段　ギリシャ数字、下段　ローマ数字

　古代ギリシャのアバカスの盤上には縦線が刻まれている。サラミスのアバカスでは左側に 11 本、右側に 5 本、さらに左の 11 本は上下を横線で区切られている。この縦線で区切られた区間に小石が置かれる。1 の区間の左側は 5 の区間であり、

これに続く区間はそれぞれに 10、50、100……となる。**図 2-3** のサラミスのアバカス上の小石の並びは「XXⅠⅡ」と古代ギリシャ数字では記述するが、ローマ数字では「M MVII」と書く。アラビア数字で書くと「2007」となる。

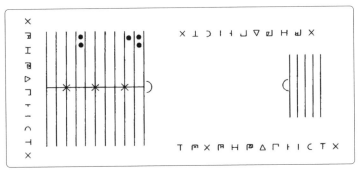

【図 2-3】アバカス上の数字「2007」

　古代ギリシャ、古代ローマおよび古代漢字数字体系には「0」という概念は存在しない。「0」という概念は古代インドに存在していたものである。これがアラビア経由で西ヨーロッパに伝えられた。そして西ヨーロッパで利用されるようになったのは 16 世紀以降のことである。

　こうした古代ギリシャのアバカスは次世代の文明の担い手である古代ローマ帝国の地中海および東西ヨーロッパ支配とともに各地に伝えられた。

　ギリシャのアバカスはすべて大理石で作られているが、古代ローマに伝わると金属製になり携帯できるほどに小さくなっている。東ヨーロッパ諸国に渡ると 1 本の

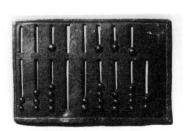

【図 2-4】ローマのアバカス
COMPUTER AVEC DES CAILLOUX

【図 2-5】トルコのアバカス
（守屋蔵・撮影）

chapter2　計算の道具——コンピュータ誕生まで

棒に 10 個のビーズを並べた「ロシアン・アバカス」と呼ばれる形態に変化している。図 2-5 のアバカスは現在でもトルコの小学校で使われている「ロシアン・アバカス」の一種である。このように「アバカス」または「ソロバン」と呼ばれる道具は、様々な形で発展し使われてきた。

2-1-2　計算尺、ネピアの算木など

アバカスのような小石＜ calculi ＞方式の計算の道具は長く使われてきたが、16 世紀末に対数の概念がネピアにより発明され、そして 17 世紀の数学の発達とともに、対数を使った掛算と割算が大変簡単にできる**計算尺**（**Slide Rule**）が、さらに平方根や立方根までも見つけ出せる算木「Napier's Bones」と呼ばれる道具等も作られた。

【図 2-6】計算尺（守屋蔵・撮影）

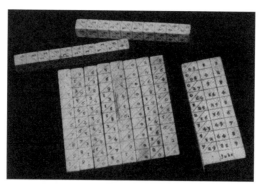

【図 2-7】Napier's Bones
(COSERVATORIE NATIONAL DES ARTS ET MATIERS, PARIS)

2-2　初期の機械式計算機

16世紀に入ると西欧社会ではアラビア数字が使われるようになったが、同時に機械式計算機が考えられるようになった。

2-2-1　ウィルヘルム・シッカルドの計算機

天文学者ヨハン・ケプラーは「ケプラーの法則」として知られる惑星の運動法則を見つけたが、膨大な観測データを元に大量の計算処理をしなければならなかった。

1623年9月に テュービンゲン(Tubingen)大学のシッカルド[※1]はケプラーに「計算処理の労力を軽減することができる『計算する道具』を作ることができる」という内容の手紙を送った。シッカルドはこの計算する道具を1624年2月に完成したが失火により消失したという。

シッカルドがケプラーに働きかけシッカルド式計算機を作成したという事実は17世紀初頭に計算する道具＜計算機＞を必要とする社会が出現していた事を物語っている。なおシッカルドの機械式計算機は20世紀に入り残された設計図をもとに復元が試みられている。

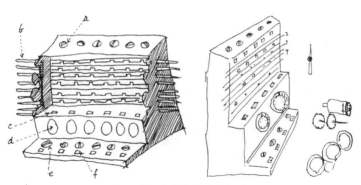

La machine de Wilhelm Schickard

【図 2-8】シッカルドの計算機のスケッチ
（パリ　国立科学博物館・資料より）

※1　Wilhelm Schickard　1592-1636

2-2-2 パスカルの計算機 ＜パスカリーヌ＞

　フランスの哲学者・数学者である**パスカル**[※2]は弱冠16才で歯車式計算機を考案した。パスカルは39才の若さで夭折したが、30才までの14年間に53台の計算機を作成したという。その動機は計算する道具を作ることにより、税務官吏であった父親の税金計算の仕事を軽くする事だったという説がある。17世紀当時のフランスの貨幣単位は10進法でなく、最小単位が12進法のドウニエ（Deunier）、12ドウニエが1スー（Sou）となり、スーは20進法で20スーが1リーブル（Livre）となっていた。リーブル以降は10進法の位取りとなる。こうした単位系で正しく計算処理することは大変困難である。ちなみに隣の国イギリスも同様な貨幣単位体系を持ち、ペンス（Pence）が12進法、そしてシリング（Shilling）が20進法、次のポンド（Pound）で10進法となっていた。このイギリスの貨幣単位体系は20世紀の1971年1月まで使われていた。

　パスカルは1号機を1640年に完成し、**パスカリーヌ（Pascaline）**と命名した。パスカリーヌは歯車が1回転すると、この歯車に付いているツメが隣の歯車の歯を1つ進める仕組みである。これは桁上がり機構と呼ばれるが、パスカリーヌでは同時に全部の桁で桁上がりが発生するとうまく動作しないという重大な欠陥を抱えていた。

【図2-9】パスカリーヌ＜Pascaline＞
（パリ　国立科学博物館・資料より）

　パスカルはパスカリーヌの宣伝に努めたが、この全桁桁上がり機構の構造的な不備からくる信頼性の欠如、さらには17世紀社会おける貨幣計算の機械化に対する

※2　Blaise Pascal　1623-1662

不信感などという理由により普及するには至らなかった。しかしパスカルの計算機の考え方は、その後の様々な機械式計算機の原点となっている。

このパスカリーヌには引き算の仕組みに補数という考え方を取り入れていた。補数の概念は現代のコンピュータで使われている大変重要な考え方である。コンピュータのプログラム言語 PASCAL は、彼の名前パスカルに由来するもので、彼の補数の概念とパスカルを記念している。なお、パスカリーヌが現存する最古の機械式計算機である。

Blaise Pascal

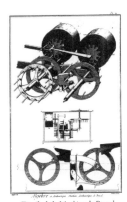
Détails de la Machine de Pascal.
L'Encyclopédie de Diderot
パスカルの歯車

【図 2-10】（パリ　国立科学博物館・資料より）

2-2-3　ライプニッツの計算機

ドイツの哲学者・数学者**ライプニッツ**[※3] は 1671 年にパスカリーヌの改良に取り組み回転ドラム式の 1 号機を 1673 年に完成させた。ライプニッツは「計算機は計算から誤りと多大な労力を省く」から多くの人に使われるだろうと述べているが、パスカリーヌ同様に当時の機械技術の未熟さのために 4 台製作したのみである。

ライプニッツはこうした計算機の失敗にもかかわらず、パスカルの補数の概念とともに今日のコンピュータで重要な役割を果たしている 2 進法の概念を発表している。これは 0 と 1 という 2 つの文字を使って数値を表現する方法で、1668 年に論文「組み合わせの手法」を発表し **2 進法の概念**を完成させた。しかし 17 世紀当時

※3　Gottfried Wilhelm Von Leibnitz　1646-1716

の社会では2進法の概念は理解されることがなかった。

1855年にイギリスのジョージ・ブール[※4]によりライプニッツの2進法の概念が世に出たことにより、ライプニッツの業績は再評価されるに至った。われわれがコンピュータと呼ぶ電子計算機はデジタル式計算機を意味するが、デジタルとはこの2進法によるデータ表現であり、コンピュータの基本的な仕組みである。

【図2-11】ライプニッツの計算機
（パリ　国立科学博物館・資料より）

2-2-4　トーマのアリスモメータ（Arithmometer）とそれ以降

17世紀の機械式計算機はその後の長い努力の結果、19世紀に至りフランスの**トーマ**[※5]により初めて正確に四則演算のできる計算機にたどり着いた。

フランス保険業界の黎明期に活躍したトーマは正確な数表作成のために、**回転ドラム式計算機**を作成し、1820年に特許を取得した。この**アリスモメータ**は最初の機械式計算機として商業的に成功し1825年から1875年までに約1500台が販売された。こうした機械式計算機はその後も多くの技術者の努力により改良が加えられ普及するに至っている。

1875年にはアメリカのボールドウィンがシャフトの回転を逆方向にすると減算ができる計算機の特許を取得した。同時期にスウェーデンのオドナーはピン歯車式計算機を作成した。このオドナー計算機は大変頑丈で計算結果が読みやすいということもあり売れ行きは良かったという。これはドイツではBrunsviga、アメリカではMarchantという名前で売り出された。

※4　George Boole　1815-1864
※5　Charles Xavier Thomas　1785-1870

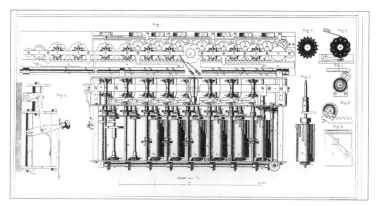

【図 2-12】トーマの計算機
（パリ　国立科学博物館・資料より）

　アメリカのフェルトによる Comptometer は 1890 年に 125 ドルで発売されていた。バローズの計算機と知られる加算機は 1891 年の新製品発売から 1926 年までに 100 万台以上を発売したという。

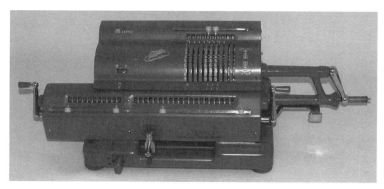

【図 2-13】手動式計算機（タイガー計算機）
（守屋蔵・撮影）

chapter2　計算の道具──コンピュータ誕生まで

2-3　バベージの計算機──自動計算機の夢

イギリスの第一次産業革命（1760-1840）期には多くの機械装置が開発されたが、特筆されるのは蒸気機関であろう。こうした時代に生きた**バベージ**[※6]は大規模な計算機械装置を開発し、正確な数表を作ろうとした。

2-3-1　階差エンジン（Difference Engine）

バベージが1821年に製作を開始した機械装置は「**階差エンジン**」と呼ばれるものであった。この機械式計算機の主動作装置は1822年に発表された。これに注目した政府は1500ポンドの資金援助を行った。その援助の総額は1万7000ポンドにも達した。当時の中流社会の平均年収は約250ポンド程度であったというが、このことから資金援助の総額は莫大な金額である。政府によるこうした巨額な開発援助は、当時の社会が大規模な計算装置を必要としていたことを意味する。

バベージの階差エンジンは未完成に終わったが、海を越えたスウェーデンで開発に成功している。ショルツ親子[※7]の階差エンジンは1853年にアメリカのダットリ天文台が、そしてイギリス政府が1859年に購入している。イギリス政府はこれを使い1864年に平均寿命の計算を行った。また同じスウェーデン人のウィバーグ[※8]も階差エンジンを1860年頃に開発した。彼はこれを用い対数表を作成し、イギリス、ドイツそしてフランスで出版した。

【図2-14】階差エンジン
（London 科学博物館資料より）

※6　Charles Babbage　1791-1871
※7　Georg Scheutz 1785-1873、Raphael Scheutz 1821-1881
※8　Martin Wieberg 1826-1905

2-3-2 解析エンジン（Analytical Engine）

バベージは政府の援助打ち切りにより階差エンジンの開発を断念したが、1834年には「**解析エンジン**」と名付けた新たな計算機械装置の製作に着手していた。解析エンジンの記憶装置は貯蔵庫（Store）と呼ばれ1000個の数値を記憶する装置を持ち、作業場（Mill）呼ばれる計算処理する装置などを備えた機械計算装置であった。解析エンジンの持つ重要な点は、今日のコンピュータの持つ機能を備えたものであるということである。

バベージは解析エンジンも階差エンジンと同様に完成させるに至らなかったが、こうした仕組みはその後の計算機械の開発に大きな刺激を与えたことは間違いのないところである。バベージの解析エンジンは20世紀に入りロンドンの科学技術博物館で復元された。そして当時のバベージの歯車の設計精度でも十分に稼働することが確認されて、バベージの装置が未完成に終わった理由は技術的な問題以外の要因があったものと指摘されている。

2-3-3 プログラムカード

コンピュータが計算処理をするためには「**処理の手順**」を与えなければならない。この処理手順のことを**プログラム**と呼ぶが、バベージはプログラムをコンピュータに与えるためにフランスのジャガール[9]の自動織機の制御に使われていたカードを採用した。仕事をするための手順はカードに穴を開けることとし、それらの順序が 前後しないように紐でつなぐというものであった。このカードの1枚を読みとり、指示する動作を「作業所」に伝える仕組みである。解析エンジンはカードの指令が 完了すると次のカードを読みとるもので、一連の仕事が順次に実行される。

解析エンジンではこうした手順を示す**プログラムカード**と同様な形式で、プログラムが要求するデータもカードで用意する仕組みになっていた。このことは穿孔カード読み取り装置が入力装置として利用されていたことを示している。

2-4 ホレリスの統計機械——Automatic electrical Tabulating Machine

アメリカでは1790年以降10年ごとに国勢調査が実施されてきた。1880年の第10回国勢調査の集計には9年という長い年月を要した。19世紀末のアメリカは、

---

[9]　Joseph Marie Jacguard 1752-1834

chapter2　計算の道具——コンピュータ誕生まで

【図 2-15】ホレリス統計機による国勢調査の処理風景
（「サイエンス・アメリカン誌」1890.8.30 号の表紙）

大量の移民の流入により人口構成の急激な変化が見られた時代であり、こうした社会情勢下では9年という長期間を要する集計処理は国勢調査の意味を半減させるものである。このためアメリカ政府・内務省統計局は1890年の第11回国勢調査の集計処理の迅速化を図るため、統計処理機械を公募した。そして内務省統計調査室の統計技師であった**ホレリス**※10 の機械式統計機械が採用された。これが「ホレリスの統計機械」と呼ばれる統計処理装置である。データの入力にはパンチカード方式が採用された。カード上の所定の位置に調査データをパンチ＜穿孔＞し、これを読み込み集計処理するというものである。第11回国勢調査のおおよその人口統計速報は約6週間後に発表された。そして全統計処理は2年以内に完了している。前回と比較すると統計処理作業の機械化による効果は一目瞭然である。

　ホレリスの統計機械で採用されたパンチカード方式は、バベージの解析機関で採用されたジャカード自動織機のカード制御方式に続くものである。このカードはコンピュータの世界では**ホレリスのカード**、**IBM カード**、**80 欄カード**さらには**標準情報処理カード**などとも呼ばれ長期にわたり標準的なコンピュータの入出力媒体であった。

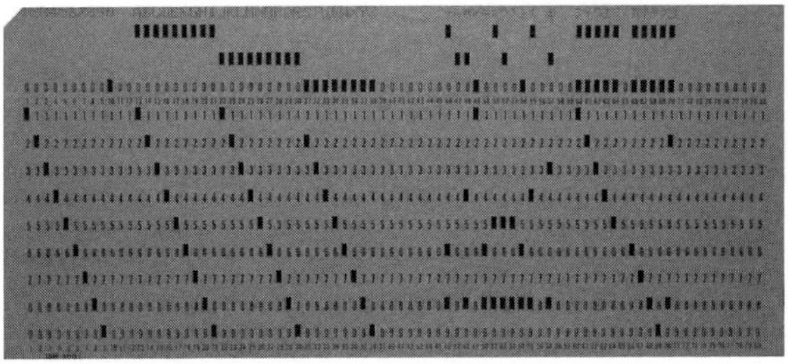

【図2-16】ホレリスの80欄カード

　ホレリスは統計処理機械の採用後、内務省統計局を辞し「Tabulating Machine Company」を設立し「ホレリス統計処理機械」を製造販売した。世界の多くの国に人口統計用機械として販売され、さらに鉄道会社、生命保険会社等の統計システムとしても出荷された。ホレリスの統計機械は1900年の第12回国勢調査でも採用されたが、第13回国勢調査では同じ統計局の技師仲間であったパワーズ（James

---

※10　Herman Hollerith　1860-1929

chapter2　計算の道具──コンピュータ誕生まで

Powers）の統計機械が採用された。ホレリスの Tabulating Machine Company は
その後いろいろな経緯を得てコンピュータ界の巨人として今日も君臨する IBM へ
と発展し、一方パワーズの統計機械を作った会社も IBM と一時は並ぶことになる
ユニバック（UNIVAC）につながっている。

　1950 年代にはホレリスおよびパワーズの会社は両者とも機械式から電子式統計
機器の販売を始めた。このようなカードによるデータ集計処理方法はその後広く事
務処理分野に取り入れられ、**パンチカードシステム**と呼ばれる様々な事務機器が開
発された。また 1920 年代末にはパンチカードシステムは事務処理分野のみならず、
科学技術計算の分野にも応用されるようになった。

　「ホレリスの統計機械」は純粋に計算処理を行う機械ではないが、こうした技術
および機械によるデータ処理という形態がコンピュータ開発過程の一里塚になった
ことは間違いのない事実である。そしてパンチカード機器を開発販売した会社とそ
こで開拓された市場がコンピュータの開発、さらにはコンピュータ産業の形成に重
要な役割を担ったのである。

2-5　リレー式自動計算機（Harvard MARK-1 など）

　1930 年代後半になるとリレー（Relay：継電器と訳される）と呼ばれる機械的
に電気回路の開閉を行うスイッチ装置を用いて計算機械を作るという試みが始まっ
た。第 2 次世界大戦の勃発による膨大な量の信号処理即ち計算処理の発生などと
いう背景を持ち、レーダーの信号処理、暗号解読、射撃管制、飛行シミュレーショ
ンなどという様々な分野で多様な装置が開発された。

　1939 年にアメリカのハーバード大学のエイケン[11]は継電器＜リレー＞を利用
した電気機械式計算機ハーバード・マーク 1（Harvard MARK-1）の開発を IBM
社と始めた。この MARK-1 と呼ばれるリレー式計算機は命令に紙テープ、データ
の入出力にはカードを使うもので 1944 年に完成した。さらに MARK-1 に続いて
MARK-2、1950 年には MARK-3 を、1952 年には電子式計算機 MARK-4 を開発した。
MARK-1 は電気機械式計算装置であるが、さらに自動的に逐次制御される計算機
（automatic sequence control calculator）でコンピュータの原型と位置づけられて
いる。バベージが果たせなかった「**自動計算機**」の夢がここに実現したのである。

※ 11　Howard Aiken　1900-1973

これはバベージ後の工業技術、特に電気機械技術の進歩であり、長い計算機械装置開発の過程で獲得した技術の結集である。

このようなリレー式計算機は各国でも開発された。1944 年には同じアメリカのベル研究所でも開発が始まり 1946 年に完成している。これはリレーを 9000 個も使うものであった。日本では 1952 年に電気試験所で ETL-MARK-1 という実験用リレー計算機が作られ、1955 年には実用機 ETL-MARK-2 が完成している。ドイツでは第 2 次世界大戦中にリレー計算機「Z-1」が 1938 年に送り出された。しかし戦争の混乱のなかで知られる事なく終わってしまった。

2-6　ENIAC ＜最初の電子式計算機＞

アメリカとイギリスの熾烈なコンピュータ開発競争は、1940 年代後半に入ると電気式計算機から電子式計算機へと移っていった。フランス、ドイツおよびその他の国には不幸な第 2 次世界大戦の最中であり、こうした計算機開発へ参加する力はなかった。1940 年代後半のアメリカとイギリスでの数多くの実験機の開発がいずれも実用機への貴重な礎石となっている。

最初の電子式計算機は 1945 年にアメリカのペンシルベニア大学の**モークリ**[12]と**エッカート**[13]によって開発された ENIAC[14] である。

ENIAC の仕様

真空管	18,800 本
消費電力	150KW
重量	30 トン
リレー	1,500 個
抵抗	7,000 個
スイッチ	6,000 個
配線の長さ	数万メートル
プログラム	配線盤（プラグボード：Plugboard）方式
データ	パンチカード
演算速度	10 桁演算/3 秒

【図 2-17】ENIAC
(COSERVATORIE NATIONAL DES ARTS ET MATIERS, PARIS)

※ 12　John W. Mauchly　1907-1980
※ 13　J. Prosper Eckert　1919-1995
※ 14　ENIAC：Electronic Numerical Integrator And Calculator

chapter2　計算の道具──コンピュータ誕生まで

　ENIAC の開発はアメリカ国防省・陸軍との契約により進められたもので、目的は大砲の弾道表の作成であった。モークリは 1942 年に陸軍に「電気機械的なリレーなども使うことなく、電子的な働きによる真空管（Electronic Tube）を使うことにより計算機ができる」と提案した。これが認められ 1943 年 6 月にモークリとエッカートは電子式計算機の開発を開始した。「ENIAC」と呼ばれる電子式計算機の公式の完成記録は 1946 年 2 月である。ちなみに開発費の総額は約 49 万ドルといわれている。

　ENIAC では仕事の手順＜プログラム＞を配線盤上でプラグの付いた導線を張り渡し組み立てるという配線盤方式であった。このような方式はプログラム外付け方式といわれるもので今日のプログラム内蔵方式とは明らかに異なる。

　計算機をデータを処理するという側面からみると、ENIAC もリレー式計算機MARK-1 も本質的な差異はほとんどない。こうした立場からすると情報化社会への扉は 1944 年の MARK-1 によって開かれたといっても間違いではない。しかし電気機械式回路から真空管を使った電子回路へと進んだことは、その後のコンピュータの新しい分野を開拓するものであり、電子式計算機の出現により情報化社会の幕が切って落とされたとみるべきであろう。

　コンピュータに真空管を使う理由は、リレーのような接点の摩耗という問題がない事である。さらに動作速度＜開閉速度＞もリレーは遅いのに対し、真空管はその動作速度は 1 マイクロ秒以下と格段に速い。この速い動作速度が得られる電子回路素子の研究開発競争は、その後のトランジスタや集積回路を生み出し、今日も途絶えることなく動作速度の高速化への開発の努力が続いている。

　なお世界最初の電子計算機はアタナソフ[15]が 1945 年に作成したという司法を巻き込んだ熾烈な先陣争いがある。ミネアポリス連邦地方裁判所の 1973 年 10 月 19日の判決には Atanasoff-Berry Computer の試作機が 1939 年に作られ稼働したとある。またモークリがアイオワ大学にアタナソフを訪ね彼の計算機械を見ているというアタナソフ側の意見が陳述されている。しかしモークリの ENIAC は公開の場に電子式計算装置として登場し、確実に計算処理がなされたという事実、そしてコンピュータ開発の黎明期に重要な役割を果たしたことから、本書ではモークリとエッカートの ENIAC をもって電子計算機の誕生とする。

---

[15]　John Vincent Atanasoff　1903-1995

2-7 プログラム内蔵方式（Program Stored Method）

　プログラムを計算機の記憶装置内にあらかじめ格納＜内蔵＞しておき、この格納されたプログラムの命令を順序に読み出しながらデータ処理するという方式をプログラム内蔵方式というが、こうしたコンピュータは一般的にはノイマン型コンピュータと呼ばれる。これはプログラム内蔵方式を最初に提唱したのは ENIAC のグループに参加してきた**ノイマン**[16] であるといわれているからである。プログラム内蔵方式がノイマンのアイデアであるか否かについてはホットな議論がある。イギリスでは 1946 年 2 月 16 日に数学者**チューリング**[17] が王立理工学研究所にプログラム内蔵式電子計算機を提案していると主張し、プログラム内蔵方式はチューリングの名誉とすべきだというのである。チューリングは 1936 年にチューリング・マシンとして知られるコンピュータの数学的モデルを発表するなど、計算機科学の分野で偉大な業績を残した人物である。

　プログラムを記憶装置に格納するには、カードまたは紙テープの所定の位置に穴をあけたか否かという状態（0 か 1 かに対応した 2 値状態）の組み合わせで文字を表現＜コード化＞し、これを電気信号に変換し記憶装置に送り込むという方法が長く使われてきた。カードに穿孔された命令を 1 つ読んでは実行し、また 1 つ読んでは実行するという方法では、計算機の動作速度はカードの読取装置の機械的な速さに依存するものとなり電子的な速さは得られない。プログラム内蔵方式では、コンピュータの制御機構が記憶装置の中に格納された命令を順序よく読み出して実行する。この命令を記憶装置の中から読み出すために要する時間が「電子的」な速さであるところが重要なポイントの 1 つである。今日のようなコンピュータ社会の出現はこのプログラム内蔵方式によるところ大である。

2-8 EDSAC、EDVAC など

（1）EDSAC：Electronic Delay Storage Automatic Computer
　1947 年にイギリスのケンブリッジ大学のウィルクス[18] がプログラム内蔵型コンピュータ EDSAC の開発に着手した。この EDSAC は EDVAC より約 1 年早い 1949

※ 16　John von Neumann　1903-1957
※ 17　Alan M. Turing　1912-1954
※ 18　Maurice Vincent Wilkes　1913-

chapter2 計算の道具──コンピュータ誕生まで

年5月6日に始動した。こうして世界最初のプログラム内蔵コンピュータの名誉をEDSACは獲得した。EDSACは1958年の停止までの9年に世界最初のコンピュータ計算処理サービスをしている。EDSACの仕様はおおよそ次の通り。

EDSACの仕様

記憶容量	512語（36ビット／語）水銀遅延回路
入力	5ビット電気機械式・紙テープ読取装置
出力	テレプリンター
真空管	3,000本
加算速度	1.4ミリ秒
プログラム	記号的アセンブリー語

（2）EDVAC：Electronic Discrete Variable Computer

アメリカではEDSACより2年早い1945年にプログラム内蔵方式計算機の開発にENIACのグループがとりかかった。このグループにはノイマンなどが加わったが、開発グループ内部の事情のため完成は大幅に遅れ1950年となってしまった。EDVACで使われた真空管の数は約4000本である。なお、EDSACもEDVACも「C」は「Computer」の「C」であり、これ以降ほとんどの電子式計算機械は「Computer」と呼ばれるようになった。

（3）MADM：Manchester Automatic Digital Machine

イギリスのマンチェスター大学で開発されたプログラム内蔵型のコンピュータである。別名をマンチェスターMARK-1という。1948年6月21日にMADMの原型で52分にわたり因数分解のプログラムが走った。この時点では世界最初のプログラム内蔵型コンピュータである。

MADMは数次の改良がなされ、1949年6月16日から6月17日にかけて9時間の無事故運転が記録されている。この日時がEDSACの5月6日より1カ月以上遅いことが、EDSACをして世界最初のコンピュータ内蔵型コンピュータと言わしめているのである。

このMADMの9時間というような長時間の連続稼働をいかに保証するかがコンピュータ実用化の鍵の一つでもある。長時間稼働には真空管の安定性が欠かせない一つの要因である。

◎ 次のテーマについて、グループで話し合ってみましょう
/////////////////////////////////////

1. **古代文明と暦の関係**：エジプト文明、メソポタミア文明、インダス文明、黄河文明における暦の重要性とその影響について
2. **古代エジプトの数学と建築**：パピルス文書に記された数学の知識がピラミッド建設にどのように役立ったか
3. **ギリシャのアバカスとその進化**：ギリシャのアバカスの発見とその後の進化について
4. **バベージの階差エンジンと解析エンジン**：バベージの計算機械装置の開発とその意義

chapter
2

▶ chapter	▶ title

03 コンピュータ進化の過程 ——実用化の歴史

リレー式計算機以降、真空管式計算機の開発競争が始まり、1945 年に最初の電子式計算機<コンピュータ>が生まれた。そしてコンピュータは 1951 年より実験段階から実用化時代へと移行する事になった。真空管で始まった実用コンピュータは、トランジスタさらにシリコンを使った IC コンピュータへと進むこととなる。

3-1　コンピュータの実用化の段階——世代

実用化コンピュータの進化の段階を世代（generation）という言葉を用いて区分している。1951 年から 1957 年の真空管を使っていた時代を真空管世代と呼び、これを第 1 世代という。

第 2 世代の 1958 年から 1963 年をトランジスタ世代と定義し、シリコン集積回路を用いる 1964 年から今日までを第 3 世代または集積回路世代という。

第 3 世代のシリコン集積回路に代わる新たな電子回路素子が今日の段階で実用化されるとのニュースには接しない。新たなシリコン集積回路に取って代わる新しい電子回路素子はどのようなテクノロジーにより幕を開けるのであろうか。

回路素子の技術革新、特に集積回路素子技術はコンピュータの能力を超天文学的といえるほどに引き上げた。そしてコンピュータを初期の「計算のための道具」という数値データ計算処理形態から、画像処理や音声処理などという一見しては計算処理とは思われないような新たな情報処理形態へと大きくその姿を変貌させた。

また、コンピュータはさらに強力な処理能力を持つスーパーコンピュータを生みだす一方で、小型化・低価格化の流れはオフィスコンピュータやワークステーションなどと呼ぶコンピュータを登場させた。これはコンピュータの多様化ともいうべ

chapter3 コンピュータ進化の過程──実用化の歴史

き現象である。集積回路技術の急速な発達は 1980 年代にパーソナルコンピュータを生みだした。ホビーとして生まれたこのパーソナルコンピュータは驚異的ともいえる能力を身につけ情報化社会の重要な担い手となっている。

3-2 無線通信と整流作用（半導体研究の発端は無線通信）

電子回路を用いたコンピュータ開発は、初め真空管が用いられた。この真空管素子の需要が高かった分野はコンピュータではなく無線通信技術であった。無線技術の進歩によって、当時の国際的競争力を獲得するのに大きな役割を果たしていた。また、現代のコンピュータに必要は半導体も、この時代に無線通信技術の発展に寄与していた。しかし半導体理論はまだ解明されていない時代である。

（1）無線通信の発展に必要であった整流素子

無線通信の始まりは、1896 年イタリア、ポンテッキオにおいてグリエルモ・マルコーニ[1] よって行われたアンテナを使った信号伝送実験で、2.5km の伝送を行ったとされている。1896 年ソ連、セント・ペテルスブルグにおいて、ポポフ[2] も 270m 離れた場所へ音声信号 "Heinrich Hertz" を送ることに成功し、1901 年には、グリエルモ マルコーニが大西洋横断無線通信を成功させている。

この無線電波から情報を取り出すために電波を電気信号に変換するが、このとき検波回路といわれる整流素子を用いた電子回路が必要であった。1914 年から始まった第 1 次世界大戦では無線通信の需要が高まってゆくが、整流素子は半導体ではなく真空管が主流であった。

（2）真空管の発明

真空管の原理を見出したのは**エジソン**[3] であり、1883 年エジソン効果と呼ばれる現象を報告している（エジソン効果：炭素フィラメント電球の中に金属電極を入れて、電極とフィラメントの間に電圧を印加すると、真空中で電極・フィラメントの間に電流が流れることを発見）。さらに**フレミング**[4] は、1884 年エジソン効果を

※ 1　Guglielmo Marconi　1874-1937
※ 2　Aleksandr Stepanovich Popov　1859-1905
※ 3　Thomas Alva Edison　1847-1931
※ 4　John Ambrose Fleming　1849-1935

エジソン本人から学び、1904 年、電球のフィラメントをマイナス極（カソード）、フィラメント周囲の金属円筒をプラス極（アノード）にすると電流が流れ、逆にフィラメントをプラス、金属円筒をマイナスにすると電流は流れないことを発見した（整流作用がある二極管の発見）。続いて**リー・ド・フォーレ**[※5]は、1906 年 10 月 25 日、3 つの電極を持つ真空管（三極管）——オーディオン（audion）の特許申請を行った。この真空管にはフィラメントと電極（アノード）の間に制御電極（グリッド）があり、増幅できる素子である。真空管の役割には、整流作用と増幅作用があることに注意してほしい。時代が進むにつれてレーダーやテレビ放送のために、高い周波数の電波が必要な時代がやってきた。ところが真空管では電極から発射された電子が、もう一方の電極に達するのに時間がかかるため、電子が電極間を往来するのに時間がかかり過ぎて、電波の変化に追いつくことができない物理的限界が生じるようになった。

【図 3-1】いろいろな真空管
（日本大学文理学部・資料室）

3-3　真空管世代 ＜第 1 世代＞ 1951-57

世界初の電子コンピュータ ENIAC を作ったエッカートとモークリたちは汎用コンピュータ「UNIVAC-1[※6]」を開発した。このコンピュータは商用機の第 1 号機として 1951 年 6 月に出荷された。コンピュータ実用化時代の始まりである。

※5　Lee de Forest　1873-1961
※6　UNIVAC-1：UNIVersal Automatic Computer-1

chapter3　コンピュータ進化の過程——実用化の歴史

【表 3-1】 UNIVAC-1 のおおよその仕様

真空管	約 5,400 本
記憶方式	水銀遅延線
記憶容量	1,000 語 (84bit/ 語)
加算時間	525 マイクロ秒 / 平均
乗算時間	2.15 ミリ秒 / 平均
補助記憶	磁気テープ

　UNIVAC-1 を開発したエッカートとモークリたちの会社はレミントン・ランド社に買い取られ、このレミントン・ランド社はコンピュータ販売の最初の会社となった。なお IBM の最初のコンピュータは 1952 年 5 月に発表した 701 型プログラム内蔵型商用コンピュータである。

　コンピュータ「UNIVAC-1」はアメリカの第 17 回国勢調査 (1950) のデータ集計・統計処理に使われた。1980 年の第 11 回国勢調査ではホレリス統計機械が使われたが、実用化コンピュータ第 1 号「UNIVAC-1」が国勢調査に使われたことに深い感銘を覚える。

3-4　真空管から半導体へ

3-4-1　電気とはなんだろう

　ICT と略される情報通信技術は、半導体の発達によってもたらされた技術である。電子の発見から始まる半導体物性の研究や無線通信技術には欠かすことのできない整流（検波）回路などの電子回路技術の発展は、ICT 技術の発展になくてはならない。電気の実態が電子の流れであることは周知のことであるが、その存在を知ることができたのは静電気の観測であった。その後、固体に関わる物性物理学の歴史的発見によって半導体についての様々な性質が明らかにされた。ここではその内容を簡単に紹介して、無線通信工学の歴史を簡単に述べて半導体研究と通信検波回路技術の関連について紹介する。

（1）　静電気

　冬場、空気が乾燥してくると、パチパチと音を立てて起きる静電気の正体は電子の移動である。コハクを布でこすると、ほこりがくっつくことは、古くは 16 世紀

36　page

から知られていた現象であるが、当時その原因はもちろん不明であった。電子の発見によって、静電気の正体は電子の移動によって起こることが説明された。

（2）自由電子

原子の構造について学ぶと、電子は原子核に束縛されていて、核からの距離によって、軌道と呼ばれる電子配置があることが説明されている。原子核の近くの電子は、束縛が強く自由ではなく、核からの距離が遠くなると、束縛力も弱くなり電子は自由に移動できるようになる。このような電子を自由電子と呼ぶが、この流れが電流と呼ばれる。自由に移動すると言っても電子が一時的に安定して存在できる場所（電子の受け皿）が必要であるが、化学結合に関わる電子軌道で電子が入り込む「空き」が、これに相当する。

3-4-2 固体の物理学の歴史と半導体

固体の電気的性質といえば、電気を通しやすい導体、通さない絶縁体、温度など条件によって電気の通りやすさが変化する半導体に分類される。特に半導体は、コンピュータ産業には欠かせない物質である。電気や電子に関係した歴史上の発見が新しい理論の展開をもたらしている。**表** 3-2 には固体物性に関する発見の内、半導体に関連のある報告ついて挙げたが、整流作用のように電子の存在を考えなければ説明できない現象が、電子が「発見」されるずっと以前に知られていたことが分かる。

【表 3-2】固体物性研究の歴史

年代	発見
1840 年	オームの法則（Ohm）
1874 年	固体での整流作用（Braun）
1895 年	電子の発見（J.J.Thomson）
1900 年	量子仮設（Planck）
1913 年	原子構造模型（Bohr）
1931 年	半導体のウィルソン模型—エネルギー帯理論（wilson）
1945-1954 年	半導体物理学の成長

1874 年には、K・F・ブラウンによって、固体の整流作用が報告された。その頃には量子力学は存在しておらず、理論的説明は不完全であった。また、実験に使用した固体の純度も低かったことから、不純物の混入によって、電気の流れやすさが

chapter3　コンピュータ進化の過程——実用化の歴史

変わる物質の発見にもつながった。これが半導体という物質で、これに白金などの金属線を接触させると整流作用が表れることも分かった。整流作用は半導体の重要な性質である。

このころは半導体を接合した接合型ダイオードは開発されておらず、使用されていた半導体整流素子は非常に単純で、**セレンやシリコン**といった鉱石に金属の針を接触させただけであった。またこれで整流作用が得られた理由は分からなかったし動作も不安定であった。

3-4-3　半導体と鉱石整流器（ダイオード）

鉱石整流器はサイズが小さいことから高速な電子の変化に適応できることが分かり、鉱石半導体を安定して供給する必要性が出てきた。性能の良い鉱石検波器を作るためにも、半導体内での電子の状態と作用を理解する必要があった。

（1）シリコンの発見

1935 年には、ベル研究所**ラッセル・オール**[7]によって、シリコンが最も安定して整流作用を持つことが発見された。またシリコン上に黄銅の針を触れさせて、移動しながら整流作用の安定な場所を探した実験を繰り返すうちに、シリコンの不純物の濃淡が整流作用の性能を決めていることを発見した。シリコン結晶に入り込んでいる不純物の存在は見た目でも判別できた。その結果、シリコンを精製して徹底的に不純物を減らし、そこに不純物として濃度を調整した別の元素を加えることが重要であることが判明した。

（2）不純物の混入：n 型、p 型半導体と pn 接合型半導体

1939 年にはラッセル・オール、金属工学者**ジャック・スカッフ**[8]実験物理学者**ウォルター・ブラッテン**[9]らがシリコンを溶かし温度差をつけて片側から凝固させる方法によって、不純物濃度をうまく調整する方法を見出した。温度差を付けてゆっくり冷やすだけで、凝固の初期にはホウ素（B）が不純物として含まれ（p 型半導体）、後からできる固体シリコンにはリン（P）が不純物として含まれる（n 型半導体）ことを発見した。この方法で作成した固体は p 型と n 型がくっついたもので、

※ 7　Russell Ohl　1898-1967
※ 8　Jack Scaff　1908-
※ 9　Walter Houser Brattain　1902-1987

電流を p → n 方向だけに流すことができる pn 接合ダイオード(**整流素子**)ができる。

(3) 半導体の性質を説明するための考え——エネルギー帯構造の簡単な説明

半導体物性の理解がなければ、半導体デバイス(半導体を使った部品)は発展できなかった。その性質の理解のためには、導体と絶縁体の電流を電子の流れで考えることから始める必要がある。元素周期律表を考えると、最外殻電子の配置によって動きやすい電子を持った原子が存在することが分かる。すなわち最外殻の電子軌道に空きがある原子には電子を動きやすくする効果が生まれる。半導体は条件によって電気を流すが、その仕組みを考えるために用いられるのがエネルギー帯構造の考えである。

エネルギー帯構造という考えでは、固体中の電子の存在状態をその動きに合わせたエネルギーで考える。その内訳は 3 種類に分類されて、①原子核に束縛されて自由に動けない荷電子帯、②電子が存在できない禁止帯(このエネルギーを越えないと自由になれない)、③電子が自由に移動できる(電流の元)伝導帯である。

導体の禁止帯のエネルギーは非常に低く電子は容易に伝導帯に移動できるが、絶縁体は逆で伝導帯への電子の移動は起こらない。半導体では禁止帯のエネルギーが比較的小さく、不純物とされる別の原子の混入によって、禁止帯を飛び越える電子が供給されるようになる。また、半導体には電子を供給するもの(n 型半導体)と電子を受け入れる「空孔」を持つもの(p 型半導体)がある。

3-4-4 トランジスタ

(1) トランジスタの発明者

1945 年**ウィリアム・ショックレイ**[10](当時 35 歳)は、ミネソタ大助教授であった**ジョーン・バーディーン**[11](当時 37 歳)、pn 接合ダイオード発明者である**ウォルター・ブラッテン**(当時 45 歳)とともに真空管(3 極管:信号増幅器)を固体によって実現するプロジェクトチームを編成した。

このプロジェクトがトランジスタの開発につながるのだが、ショックレイの試みであった薄膜電界効果トランジスタの実験は失敗した。しかし、バーディーンはその原因を突き止めようとした。

※ 10　William. B. Shockley　1910-1989
※ 11　John. Bardeen　1908-1991

chapter3 コンピュータ進化の過程──実用化の歴史

（2）点接触型トランジスタ

ブラッテンはショックレイの考案したトランジスタの失敗原因を調べるうちに、半導体内の自由電子は表面でも内部でも均一であるというショットキーの理論が成り立たないことを発見した。そしてバーディーンは、半導体内部と表面の電子分布の差（静電ポテンシャルの差）が、金属を半導体に接触させただけで整流作用をもたらすことの理由を解明した。そこで、シリコン半導体表面に電解液を一滴垂らし、近くに金属を接触させると、シリコンと電解液の間に印加した電圧で、半導体と金属に流れる電流を制御できることを発見した。これが**点接触トランジスタ**の基盤となっている。バーディーンは、電解液の代わりに金を表面に蒸着して、そのそばに金属針を接触させることで同様の効果を得た。さらに金蒸着に代わって、50ミクロン以下の間隔で2本の電極を立てた構造が出来上がった。この一連の実験は12月4日から12月16日に行われた記録がある。このために12月16日を点接触型トランジスタの誕生日とされる。12月24日に作成されたブラッテンのノートには、1KHzの信号を電圧利得100で増幅されたことが示されている。トランジスタの用途は信号増幅であったが、半導体に流れる信号を（増幅しつつ）制御できるスイッチにもなることから、後にコンピュータの発展に大きく貢献することになる。トランジスタと言う言葉は「変化する抵抗を通じての信号変換器（transfer of a signal through a resistor または transit resistor）」または「TRANsfer」と「reSISTOR」の造語である。開発当初のトランジスタは、ゲルマニウムを用いて作られているために正しくはゲルマニウム・トランジスタである。

（3）接合型トランジスタ

12月23日には、点接触トランジスタのデモンストレーションが行われたが反響は大きくなかった。ショックレイは、点接触トランジスタの成功の後、12月31日のノートに接合型トランジスタに非常に近い構造を書き記している。ショックレイは、金属針の半導体への接触を、ドイツの物理学者ウォルター・ショットキー（Walter Schottky：1886-1976）が1938年に発表したショットキーバリアの理論に基づいて、金属と半導体の接触はn型とp型半導体の接触と同じであると考えた。そして2本の金属が接触している状態は、2つのpn接合で作ることができると考え、1948年1月23日には、n型半導体を2つのp型半導体ではさんだ構造で、トランジスタを作ることが可能であることを概念として記している（**接合型トランジスタの概念完成**）。しかし、当時はこの接合型トランジスタを作る技術は存在しなかったが、

40 ｜ page

1948年6月26日に接合型トランジスタの特許出願を行っている。1950年4月には、シリコン溶解液内に2重ドーピング法を用いたnpn構造を形成させて、成長型接合型トランジスタを作ることに成功し、20日に一般にデモンストレーションを行っているが反響はほとんどなかった。

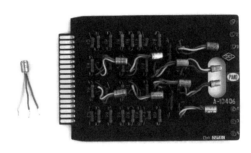

【図3-2】ゲルマニウム・トランジスタとその回路（OKITAC-5090）
（日本大学文理学部・資料室）

3-4-5　トランジスタからICへ
（1）フェアチィルド・コンダクタ社
ショックレイ研究所を退職したユージン・クライナー[12]を中心とする8名は、1957年9月1日、フェアチャイルド・カメラ　アンド　インスツルメント社からの資金援助によりフェアチャイルド・セミコンダクタ社を設立してトランジスタの量産化が始まった。そのメンバーには、ショックレイ研究所に一番に入社した**ロバート・ノイス**[13]も入っていた。

（2）メサ型トランジスタ
フェアチャイルド社、最初の商品は**メサ型トランジスタ（シリコントランジスタ）**であった。メサの名はトランジスタの断面が台形になることに由来する。このトランジスタはガス拡散法による工法で、IBM（International Business Machines）から注文を受けるようになる。

※12　Eugene Kleiner　1923-2003
※13　Robert Norton Noyce　1927-1990

chapter3　コンピュータ進化の過程──実用化の歴史

（3）メサ型からプレーナ型トランジスタへ

　メサ型トランジスタは pn 接合部分がむき出しになっていて、そこに金属片など
のゴミが付着するとショートして壊れる弱点があった。1958 年 5 月には、フェア
チャイルド社ジャン・ホーニ[14]がプレーナ法を特許出願している。**プレーナ型ト
ランジスタ**は、表面を酸化膜（絶縁膜）で覆うことが出来る。このトランジスタに
p 型領域を作るには、必要な場所だけを穴を開けて不純物を添加して p 型領域を作
ればいいという利点があった。ショートして壊れることがないプレーナ型トランジ
スタはフェアチャイルド・コンダクタ社を半導体デバイスの中核企業にした。

3-5　トランジスタ・コンピュータ世代＜第 2 世代＞ 1958-63

　1958 年以降のトランジスタ世代を第 2 世代と位置づけている。1947 年に発明
されたゲルマニウム半導体が電子回路素子として採用されたトランジスタ・コン
ピュータの時代である。

　ゲルマニウム・トランジスタは真空管に比べ約千倍以上という高速な動作速度を
実現した。トランジスタは真空管のような大量の発熱がないためにコンピュータ・
システムの消費電力は大幅に減少し、さらに安定性も飛躍的に向上した。

　第 2 世代では記憶媒体として本格的に磁芯記憶素子が採用され、第 1 世代では考
えられないような大容量でより安定した記憶ができるようになった。しかし難点は
非常に高価格であったことである。

　さらに第 2 世代の特に重要な点は電子回路理論の発達、磁気コアによる記憶動作
の高速化および大記憶容量の実現、そしてコンピュータの安定化である。この安定
性はコンピュータを安心して使える環境が第 2 世代で整った事を示唆している。

　そしてトランジスタ・コンピュータの高性能化、安定化は新たな情報処理分野の
発達を促した。使用目的別の科学技術計算処理型、事務データ処理型または汎用型
などといったコンピュータの出現、さらに大型コンピュータ、中型、小型といった
様々な大きさのコンピュータが登場し、一層その利用者層および利用者数を増加さ
せた。

　コンピュータが数多く市場に投入された結果、コンピュータを使用するいわゆる
コンピュータ人口は急激に増加し、プログラムを機械語からより人間の言葉に近

---

[14]　Jean Amidie Hoerni　1928-

い言葉で書く事ができるプログラム言語の発達をもたらした。科学技術計算用言語として FORTRAN[15] が IBM 社から発表され、また 1960 年代初頭より事務処理用プログラム言語がアメリカ国防省の主導のもとに開発が始まり、1965 年に標準プログラム言語 COBOL[16] として制定されるに至った。また非公式言語であった FORTRAN も利用人口の増加とともに標準化が進んだ。FORTRAN も COBOL も開発から半世紀以上を経過した今日でも重要なプログラム言語として利用されている。

こうしたプログラム言語の開発にも増して、第 2 世代は応用プログラムの開発、コンピュータ資源の有効利用、コンピュータの使いやすい環境の確保等を目的とするコンピュータ利用技法が急速に進歩した時代でもある。こうした流れの中でコンピュータのオペレーティング・システム・プログラムの必要性が高まってきた。

3-6　集積回路と CPU

上で述べた（3-4 節）プレーナ型トランジスタ工法の考え方に、配線や抵抗、コンデンサも半導体の中に作る工夫をすれば、シリコンという固体物質に複雑な電子回路を作り込むことが出来る。これが**集積回路**（IC：Integrated Circuit）の発想である。集積回路はシリコンを用いるために「シリコン・トランジスタ」と呼ぶべきトランジスタの一種である。

（1）集積回路

1958 年 5 月、テキサス・インスツルメント（TI）社のジャック・キルビー[17] は、すべての回路（抵抗やコンデンサなど）をシリコン半導体で構成できることを証明し、2000 年ノーベル物理学賞を受けた。この IC では、部品はシリコン上に作ったが配線は金属線であった。ロバート・ノイスは、1961 年に世界で始めてプレーナ型トランジスタの製法を利用して、配線もシリコン上に作り込み IC の量産化に成功した。

ノイスは**電界効果トランジスタ**（MOSFET：Metal Oxide Semiconductor Field

---

[15]　FORTRAN：FORmula TRANslation
[16]　COBOL：COmmon Business Oriented Language
[17]　Jack St. Clair Kilby　1923-2005

chapter3　コンピュータ進化の過程——実用化の歴史

Effect Transistor）の理解者であった研究開発部長のゴードン・ムーア[18]を誘い、1968 年インテル社（Intel: Integrated Electronics）を創業した。MOSFET はショックレイの考えたトランジスタの概念を実現するものでもり、インテル社はMOSFET を使った IC で、半導体メモリを開発する企業となった。さらにトランジスタをたくさん使った電子回路を集積回路に作り上げることで、論理演算回路を作ることが可能となった。

（2）4 ビット CPU

1960 年後半シャープを筆頭にして電卓の小型化が進み、演算に使われる部品の集積化が加速していた。このころの集積回路は IC とは呼ばれず、さらに集積度が増した（トランジスタの数が増えた）という意味で、大規模集積回路（LSI：Large Scale Integrated Circuit）と呼ばれていた。電卓の演算用 LSI の開発は、それまでメモリの製作を中心に行ってきていたアメリカの半導体メーカーに大きな影響を与えた。この流れは、コンピュータの中央演算処理装置（CPU：Central Processing Unit）を一つの集積回路として構成する**マイクロプロセッサ**（MPU：Micro Processing Unit）の開発へつながっていく。

MPU 開発に直接貢献したのは日本の電卓メーカーであったビジコン社とその子会社の電子技研にいた嶋正利[19]であった。1959 年、嶋らは創業して 1 年足らずのインテル社とプログラム可能な電卓用 LSI の共同開発を始めた。嶋らの提案していた論理回路の説明を受けたインテル社テッド・ホフ[20]は、それまでの設計図を覆し 4 ビット CPU の新しい考えを提案され、1970 年 4 月からフェデリコ・ファジン[21]と CPU の具体的な作成に着手した。ここから 4 ビット CPU を基本とした 4 ビット・マイクロコンピュータファミリの MCS-4 が開発された。この構成は Intel「4004」と呼ばれた 4 ビット CPU、2048bit ROM：Read Only Memory（Intel「4001」）、320bit RAM：Random Access Memory（Intel「4002」）および 10bitShift Resister（Intel「4003」）であった。4004 開発当初、マイクロプロセッサはインテル社でも重要な位置付けとはされていなかった。

※ 18　Gordon E. Moore　1929-
※ 19　Masatoshi Shima　1943-
※ 20　Marcian Ted Hoff Jr.　1937-
※ 21　Federico Faggine　1941-

（3）インテル 8080CPU

4004 の基本構想（基本アーキテクチャ）が決まって 2 カ月後、1969 年 12 月に
データポイント社から新しい LSI の開発依頼を受注し、インテル社はプロセッサ全
体の、1 チップ（LSI）化を提案した（CPU 開発コード 1201：8 ビット CPU →文
字情報も扱える）。これは 1972 年精工舎からの依頼で開発した 8 ビット CPU 8008
へつながっていく。

1972 年 11 月 8 日、嶋は次期 8 ビット CPU、8080 開発のためにインテル社に入
社し、スモール・マシン・グループと呼ばれる 5 名程度のチームメンバーによるプ
ロジェクトで開発を進めた。1974 年 2 月、8080CPU を発表、1974 年 7 月に TTL
互換性を持たせた CPU 8080A を発表し、プロジェクトが終了した。8080 は高額で
あったにもかかわらず、爆発的に売れたことで、インテル社はマイクロプロッセサ
の威力を確信することになる。それでもインテル社は、1984 年までは DRAM を中
心とした半導体メモリ戦略を堅持していた。

1974 年、この CPU を使った世界初パーソナルコンピュータ、アルテア（Altair）
8800 を MITS 社（Micro Instrumentation and Telemetry Systems）が販売された。
NEC は 8080 を使って TK-80 マイコンボードを販売した。1974 年モトローラ社は
8080 を基盤にした MC6800 を発表し、これはマッキントッシュ：アップル II や任
天堂：ファミコンに使用されていた。

（4）ザイログ社 Z80、Z8000

1974 年当時は半導体業界全体が不況期に入っていて、新しいデバイスの出現が
望まれていた。ファジンは 1974 年 11 月インテル社を退職し、1975 年 3 月、新会
社 ZILOG（ザイログ）を立ち上げた。嶋はインテル社からファジンの新会社へ移
籍した。ZILOG は、z-integrated logic を短く表現したもので、「最後に（z）、世の
中に設立された、集積回路のための LSI システムを開発／製造する会社」という意
味が込められていた。ここで開発されたのが Z80 で、これは 8080 改良型の CPU
であった。

1976 年 5 月には、ウェーハの量産化が始まりザイログ社の Z80 設計仕様または
マスク・パターンを利用して、他社 4 社が Z80 の生産を行うようになった。Z80
は市場に瞬く間に広範囲に受け入れられ、後のパソコンブームに火をつけることに
なる。ザイログ社が、開発当初半導体製造部門を持たなかったために、他の半導体
メーカーが Z80 の周辺 LSI（ファミリーチップ）の設計を自由に許すことになり、

Z80改良で他社周辺LSIとの互換性をなくしてしまうという問題が生まれてしまった。Z80の改良が進められないのは致命的失敗であった。1976年7月、ザイログ社は次世代マイクロプロセッサ16ビットCPU、Z8000の開発に着手した。1978年にはインテル社から16ビットCPU8086が発売されていたが、Z8000と非常に類似したアーキテクチャであった。

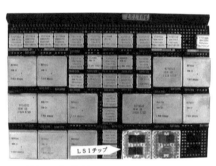

【図3-3】集積回路（守屋蔵・撮影）

(5) IC、LSIからVLSI設計へ

IC技術はシリコン基板上に写真技術を用いて回路を焼き付けたり、さらに別の金属を蒸着したりと非常に高度で複雑な工程でトランジスタ機能や抵抗さらにコンデンサ機能を形成したものである。このため初期の集積回路の製造コストは大変高いものであった。

しかし1960年代のアメリカ国防省の大陸間弾道ミサイルミニットマン計画は状況を一変させた。1962年のミニットマン・ミサイルには約2000のICが使われた。また1969年7月20日に月面に降り立ったアポロのApollo Guidance Computerには約5000個のICが使われていた。

数百基に及ぶミニットマン・ミサイルのICの総数は単純計算でも100万個を超えるという膨大なものである。この軍需用ICの大量生産過程で急速に集積回路の製造技術が確立しICコストは大幅に低下した。

さらに集積回路技術の発展は大規模集積回路＜LSI：Large Scale Integlated circuit＞、超大規模集積回路＜VLSI：Very Large Scale Integlated circuit＞へと集積度を飛躍的に上げることに成功した。今日でもこの高集積化への努力は続けられている。

また集積回路の設計は、CAD（Computer Aided Design）で行われるように進ん

でいた。1980年当時のCADは技術者が設計した回路の確認に使われる程度のものであったが、現在は回路設計・確認全てが、CADによって行われている。CADによる方法は、極端な言い方をすれば、回路設計は条件の入力のみで自動で行われ、電気回路などの専門知識は必要ではなくなっている。

3-7　集積回路世代　＜第3世代＞1964〜

　1枚のシリコン基盤上に電子回路を作り上げるIC技術で、IBM社は1964年4月7日に世界初の集積回路を採用したコンピュータIBM/360をアメリカと世界14ヶ国の主要都市で同時に発表した。コンピュータの第3世代の始まりである。出荷は1965年からであるがIBMのショールームでは多くのユーザーがプログラムを走らせた。このため本書では、集積回路を採用した第3世代コンピュー時代の始まりを1964年とする。

　コンピュータは集積回路＜IC＞を採用することにより動作速度はさらに高速化した。初期の集積回路コンピュータは第2世代のトランジスタ・コンピュータの千倍以上の動作スピードが得られた。コンピュータの基本的な動作速度は、真空管世代はミリ秒単位（10-3SEC）のオーダーであるが、トランジスタ世代はマイクロ秒（10-6SEC）、さらにIC世代に入りナノ秒（10-9SEC）へと高速化した。世代の交代のたびに10の3乗程度の倍率で高速化してきた。この高速化はさらに進みコンピュータが実用化されてから半世紀経過した今日のコンピュータではピコ（10-12SEC）をはるかに超えるものになっている。

　コンピュータの高速化は一方でコンピュータの効果的な管理方法という重要な課題を投げかけた。こうした課題にIBMはIBM/360にコンピュータ管理システムをオペレーティングシステムプログラム360(OS/360)と呼んで搭載した。これが**オペレーティンクシステム**（OS）という言葉の原点である。第3世代コンピュータは集積回路の採用にも増して、オペレーティングシステムプログラム（OS）の役割の重要性にある。

　第3世代コンピュータを装置＜ハードウェア＞という側面から見ると、小型化、高経済性さらに高信頼性などが注目される。

　従来の磁気コア記憶方式は高価格のために大容量化は不可能であったが、1967年の半導体メモリの出荷により大容量化が低価格で実現できるようになった。この集積回路メモリ＜いわゆるICメモリ＞は、1970年代に入ると本格的に採用される

chapter3　コンピュータ進化の過程——実用化の歴史

ようになった。

　IC メモリの低価格化は、現在のパーソナルコンピュータでも G バイト単位で呼ばれるような大記憶容量を可能とした。さらに IC メモリコストの低下はコンピュータシステムの低価格化をもたらした。

　しかし磁気コアメモリは電源を切っても記憶状態が保持される不揮発性メモリであるのに対し、IC メモリは記憶状態が消えてしまう揮発性メモリである。このためコンピュータは電源を切る時に IC メモリ上のデータを不揮発性メモリ媒体に退避せざるを得なくなり、磁気ディスク（いわゆるハードディスク）等を補助記憶装置として採用することになった。

　また第 3 世代では多様な入出力装置の開発、特に磁気ディスクの発達は大容量でかつ高速なデータ処理能力を持つ外部記憶装置をコンピュータに実装することを可能とし、大容量 IC メモリとともに大規模なデータベースの構築という新たな情報処理形態をも招来させた。

3-8　日本のコンピュータ開発

　日本では 1950 年代初頭から各種真空管計算機の試作が始まった。1952 年の FUJIC、TAC、1953 年の阪大計算機などが知られる。これら日本のコンピュータはイギリスの EDSAC の影響を受けており、阪大と TAC の命令系統はほぼ EDSAC と同じであった。

　日本の最初のコンピュータは 1956 年に完成した FUJIC であった。FUJIC は 2 極真空管を 500 本、3 極真空管を 1200 本、TAC は GE ダイオードを 3000 本、真空管を 7000 本、阪大計算機は GE ダイオードを 4000 本、真空管を 1500 本使用していた。

　その後パラメトロンというわが国独自に開発された回路素子による「パラメトロン計算機」の研究が行われ、商用パラメトロン計算機の開発も進められたが、トランジスタの優位性が明らかになるとともにパラメトロンは姿を消した。

　こうした日本のコンピュータの開発の流れは 1955 年初頭の通産省の助成による「電子計算機委員会」の設立で一層強まった。

3-8-1　日本の実用コンピュータの夜明け

　通産省の呼びかけを受け表 3-3 に示すような電気メーカー 6 社が国産トランジス

タ・コンピュータ開発を目指すこととなった。日本の実用コンピュータ開発はトランジスタを用いたコンピュータからのスタートであった。こうした電気メーカー6社以外に日本電信電話公社が電話自動交換機の電子化のためにコンピュータの開発に取り組んでいた。

　初期の日本のトランジスタ・コンピュータは、1959 年の IBM のトランジスタ・コンピュータ IBM1401 に対抗するものと位置づけられた。しかし現実には演算速度も遅く、補助記憶装置に磁気ドラムを採用するなど、コンピュータ先進国であるアメリカのトランジスタ・コンピュータと肩を並べるものでなかったが、こうした開発経緯を経て日本のコンピュータ技術は急速に成長した。

【表 3-3】日本の商用コンピュータの夜明け

沖電気	1961	OKITAC-5090
日立製作所	1959	HITAC-301
富士通	1961	FACOM-222
東芝	1959	TOSBAC-2100
日本電気	1959	NEAC-2201
三菱電機	1962	MELCOM-1101

3-8-2　ICOT- 第 5 世代ということ< ICOT: Institute for new COmputer Technology >

　集積回路素子に代わる新しい技術、回路素子によるコンピュータが出現し第 5 世代コンピュータが世に送り出されたという事ではない。

　今日のコンピュータはその回路素子がどうであれ、基本的にはフォン・ノイマン型と呼ばれるプログラム内蔵型コンピュータの域を出るものではない。プログラム内蔵型コンピュータは命令を順次に呼び出し実行する「逐次制御型」である。

　1982 年 4 月 14 日、通産省は「新世代コンピュータ技術開発機構＝ ICOT[22] を設立した。考え方もその機能も従来のフォン・ノイマン型コンピュータとは全く異なる「知的情報処理システム」となるべき新しいコンピュータの可能性を探る事を目的としたものであった。

　集積回路技術の向上は目を見張るものがあり、1000 倍オーダーで次々と高集積化した IC が商品化されてきた。それらを第 3.5 世代とか、第 4 世代と呼んだ時もあった。このためマスコミを中心に ICOT 計画のコンピュータが第 5 世代コンピュータ

※ 22　ICOT：Institute for new COmputer Technology

chapter3　コンピュータ進化の過程——実用化の歴史

であるというコンセプトが広がり、「第5世代コンピュータ」という言葉が一人歩きをはじめてしまった。これはフォン・ノイマン型コンピュータに代わる次世代コンピュータへの熱い期待をこめた合言葉なのであろう。

　集積回路技術は驚くほどの発展を遂げ、今日もその努力が日夜続けられている。シリコンを素材としたこうした集積回路から、新しい素材を用いた電子回路技術がいつの日か開発されることを期待したいものである。そうした素材によるコンピュータ世代が第4世代として位置づけられよう。その先にICOT計画でいう新世代（第5世代）があるのであろう。

3-9　コンピュータ実用化世代のテクノロジー

　1951年以降の実用コンピュータは様々な技術革新によりコンピュータ利用者の要求に応えてきた。大きな課題は演算速度の高速化や記憶の大容量化であった。またアメリカとイギリスという英語圏で発達したコンピュータが非英語圏にその販路を広げるとき課題となったのはいわゆる非ローマ字の出力であった。大学の研究者などがコンピュータを用いるときは英語表現出力で十分であったが、利用者の拡大とともに例えば漢字文化圏ではコンピュータでの漢字処理が必須条件となった。

3-9-1　記憶素子
第1世代に属するコンピュータの記憶方式には次のようなものが使われていた。

```
UNIVAC-1 : 1951    水銀遅延線方式
IBM701   : 1953    ブラウン管記憶方式
UNIVAC-2 : 1955    磁芯記憶方式
IBM705   : 1956    磁芯記憶方式
```

　水銀遅延式方式やブラウン管記憶方式は安定性と大容量化が課題であったが、1955年に初めて商用市場に登場した磁芯記憶方式は革命的な記憶方式であった。第2世代コンピュータでは磁芯記憶方式が採用され、第1世代では考えられないような安定性と大容量化が実現し第3世代の初期段階まで広く使われた。

　しかし磁芯記憶素子は非常に高価であった。一例を挙げると国産コンピュータOKITAC-5090Dシステムは約1億円であったが、最大記憶容量4000語は約4000

50　page

万円した。1語の単価が約1万円ということになる。1語は48ビットであった。これはパソコンの記憶単位の6バイトに相当することになり、6バイトの価格が約1万円であることになる。

　磁芯＝磁気コア（Magnetic core）とはフェライトという強磁性体をドーナツ型に加工したものである。

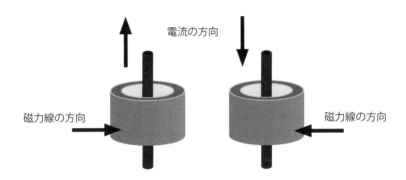

【図3-4】磁気コアメモリの原理

　磁気コアに導線を通し電流を流すと**コア**は磁化する。この電流の方向を逆にすると磁化の方向は容易に逆方向に変化する。この性質が2価状態を持つデジタル記憶素子として利用される。磁気コアをいくつか組にして使うと多くの状態を表現する事ができる。例えば8個の磁気コアを一組にするとバイト（Byte）と呼ぶ記憶単位になる。この磁気コアメモリは1967年に半導体メモリ＜いわゆるICメモリ＞の出現により使われることがなくなった。しかし磁気コアのような磁性材料の開発研究は多くの磁気記憶媒体の発達を促した。

　磁気コアの次に採用されたのはIC技術を用いたICメモリであり、従来では考えられないほどの天文学的な大容量化を可能にした。

　今日のパソコンのICメモリはGigaバイト級になっているが、1Gバイト程度の増設ICメモリの価格は約1万円である。第2世代コンピュータの磁芯記憶素子の価格と比較すると天地の差がある。

【図 3-5】第 2 世代コンピュータ・コアメモリ（OKITAC-5090）
（日本大学文理学部・資料室）

3-9-2　印刷技術

　英語圏ではローマ字 26 の大小文字と数字の 10 文字および 10 数文字の特殊記号のみで文章表現ができる。

　ローマ字文化圏で開発されたコンピュータの文字出力はタイプライター型の出力装置で十分であった。しかしコンピュータの高性能化とともに出力データ量が増加するに従い高速な印刷出力装置が必要になった。こうした要求に大量で高速な印刷ができるライン・プリンタが開発された。タイプライタが持つ文字セットをベルトやドラムに配置し、印字位置毎に配置したハンマーでこれら叩く方式でインパクト型プリンタと呼ばれる。**ライン・プリンタ**（Line printer）と呼ぶのは 1 行単位で印刷されるからで、1 行に印刷出来る文字の数は 120 〜 136 文字（6 文字／インチ）程度である。ライン・プリンタの能力は基本的には 1 分間に印刷できる行数で表され、毎分約 1000 行などという製品も実用化された。

　こうしたベルトやドラムに活字を配置する方法では印刷文字の形は限定される。このためもっと自由に文字を印刷するために活字を点（ドット）の集合で表現するいわゆるシリアル・マトリックス・プリンタが開発された。この方式では文字の形の設計が自由になったが、ライン・プリンタのような高速な印刷はできない。しかし数千から数万に及ぶ文字を扱う漢字文化圏で利用するコンピュータにとっては大変有効な印刷方法となった。

　日本ではこうしたシリアル・プリンタが 1970 年代末頃から利用されるようになった。

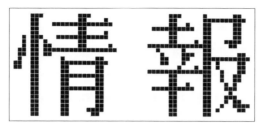
【図 3-6】24 ドット印字文字の例

　ドット方式はローマ字文化圏で 8 ドット（8 × 8）サイズとして始まり、日本でもこれを利用してカタカナを扱った。そして 16 ドットサイズの出現で漢字が比較的きれいに印刷できるようになった。このドット数は 24、36、さらには 48 へと増加するごとに鮮明な漢字印刷ができるようになった。
　またドット方式による漢字印刷環境は日本ではワープロといった特異なコンピュータの世界で利用され、さらにパーソナル・コンピュータの普及により 24 ドットサイズの**ドット・プリンタ**が標準となった。日本工業規格で 24 ドットパターン文字が規定されている。
　ライン・プリンタやドット・マトリックス・プリンタはインパクト方式に分類されるが、レーザー・プリンタと呼ばれるノン・インパクト方式が 1970 年代中期に開発された。高性能レーザー・プリンタでは毎分 1 万行とか 2 万行という超高速で高品質な高速印刷が可能なものも現れた。またパソコンの世界でも利用できる小型レーザープリンタも開発された。
　こうしたノン・インパクト・プリンタの一種に PC のプリンタとして普及している**インクジェット・プリンタ**がある。インクジェット印刷装置は文字をドットで表現することは基本的にはドット・マトリックス方法と同様であるが、中空の針を使いインクの粒を印刷紙面に吹き付ける方式である。そしてラインプリンタのような行単位印刷方式から、印刷紙面を対象とした印刷も可能になった。インクジェット方式の初期には黒色インクのみであったが、多色カラーインクを吹き付けるカラー印刷方式が開発され、現在では非常に高品質な写真印刷が手軽に PC で出来るようになった。ちなみに高品質写真印刷モードでは吹き付けるインク粒子の大きさは 1pl（ピコリットル）、最高解像度は 9600dpi（dot per inch）等という性能表示がなされているものがある。

chapter3　コンピュータ進化の過程——実用化の歴史

3-9-3　入出力技術＜穴あきから磁気、そして IC 技術へ＞

　バベージの解析エンジンはジャガードの制御カードを採用した。1890 年のホレリスの統計処理装置もカード方式を採用した。こうしたカードや電信の世界で使われていた紙テープがコンピュータの世界に引き継がれた。

　カードや電信テープを使ったデータの入出力動作は低速である。またカード上のデータ量はたかだか 80 文字に過ぎない。このためカードやテープなどに代わる大量データの入出力が可能な媒体として磁気テープやフロッピー・ディスク（FD：Floppy Disk）等の磁気媒体が開発され、これら磁気媒体の記憶容量はカード等に比べて比較にならないほど大きくなった。

　今日では FD が使われることはほとんど無いが、8 インチ型から 5 インチ型へそして 3.5 インチ型へと小型化し、3.5 インチ型では約 1.44M バイトの記憶ができる。3.5 インチ型 FD の記憶能力は単純に 1 文字／ 1 バイトと仮定すると約 1800 枚のカードに匹敵する。

　こうした磁気媒体よりさらに高容量な記憶媒体として光ディスクが開発された。CD（Compact Disk）の記憶容量は約 700M バイト程度である。そしてさらに大容量の DVD（Digital Versatile Disc）が登場した。4.7G バイトクラスがよく利用されているが、最近では 50G バイトという新製品が出現した。CD と DVD は FD と形状やデータの記録・読み取り方式は似ているが記録容量ははるかに大きい。

　さらに 1999 年には、集積回路技術を使った記憶保持型記憶媒体である USB メモリという小型、大容量で高速入出力が可能な記憶媒体が低価格で出現した。100万バイト（Mb）クラスの USB メモリが長く使われていたが、2008 年には 128Gbという大容量 USB メモリが出現した。

3-10　コンピュータの世界——その多様性

　集積回路技術の発展とともに第 3 世代コンピュータの世界は大きく変貌することとなった。従来の汎用コンピュータというコンセプトから、目的別コンピュータという方向である。

　一つはより演算速度の速い科学技術計算用コンピュータであり、他方は高速な大量印刷出力、膨大な顧客データの保存・記憶機能などが可能な事務処理用コンピュータである。またコンピュータの高性能化、小型化および低価格化というダウンサイジング現象の進行は、小規模な事業所でもコンピュータ導入が可能な小型コ

ンピュータや中型、さらにはオフィスコンピュータなどと呼ばれコンピュータを提供するに至り、その形態の多様性が進んだ。小規模な組織でのオフィス・コンピュータと呼ばれるコンピュータの普及はコンピュータ利用者層を一層拡大させた。

また小型化による導入しやすい環境拡大の一方で、超高性能なスーパーコンピュータも開発された。さらにこのような流れの外側でマイクロ・コンピュータまたは**マイクロ・プロセッサ**という分野が成長し、今日のパーソナル・コンピュータと呼ばれるコンピュータが生まれることとなった。

3-10-1　スーパーコンピュータ

1964 年に CDC（Control Data Co.）から世界最初のスーパーコンピュータ「CDC6600」が出荷された。1976 年には CDC を辞した**セイモア・クレイ**[23] が設立したクレイ・リサーチ社から CRAY-1 が発表された。

クレイ社はこれ以降スーパーコンピュータ分野では長く独占的な存在であった。しかし IBM 社や日本の日立、富士通および日本電気などもスーパーコンピュータの分野に参入し、今日では日本のメーカーは世界のスーパーコンピュータ分野では大きな勢力となっている。**表 3-4** は CRY-1 から 1990 年代のスーパーコンピュータの性能比較である。

【表 3-4】 スーパーコンピュータの性能

		出荷年	CPU の数	最高演算速度	主記憶容量
CRAY 社	CRAY- 1	1976	1	0.16	0.032
	CRAY- 2	1985	4	1.95	4.096
	Y-MP8	1988	8	4.00	2.048
富士通	VP200	1983	1	0.50	0.256
	VP400E	1987	1	1.70	1.024
	VP2600/20	1990	1,2	5.00	2.048
日本電気	SX/2	1985	1	1.30	0.256
	XS-3	1990	1,2,4	22.00	2.048
日　立	S820/80	1987	1	3.00	0.512

最高演算速度の単位：GFLOPS　　　　　　　（立花隆著『電脳進化論』1993 より）
記憶容量：G バイト　G（Giga）＝ 10 億

---

[23]　Seymour Roger Cray　1925-1996

chapter3 コンピュータ進化の過程──実用化の歴史

3-10-2 汎用コンピュータの分化

従来の汎用コンピュータは、大型汎用コンピュータ、中型および小型汎用コンピュータといった方向に分化していった。また中型および小型に相当する商用コンピュータ部門では、オフィスコンピュータ（Office Computer）またはミニコンピュータ（Mini Computer）などと呼ばれるコンピュータが発表された。

1965年にDEC社はミニコンピュータ「PDP-8」を出荷した。またワング社（Wang Laboratories,Inc.）は1973年5月にミニコンピュータWang2200を発売し、さらに1978年にはミニコンピュータVSシステムを発表した。これは代表的なオフィスコンピュータシステムで、オフィスのコンピュータ化＜これをオフィス・オートメーション（Office Automation：OA）と後にいう＞の先駆けとなったコンピュータである。

1978年にはDEC社はVAX-11/780を発表した。これはスーパーミニコンピュータと呼ばれていた。さらに1982年にはサン・マイクロシステムズ社は**ワークステーション**と呼ばれるコンピュータを発表した。

3-10-3 パソコンの世界

今日のコンピュータネットワーク社会はパーソナルコンピュータの役割を抜きにしては語れない。

（1）ホビーからコンピュータへ

1960年代末に集積回路が市場に登場し、個人で扱える小型計算装置の要求に呼応する形で多種多様なポケット計算機が登場した。

1964年にトーマス・E・オズボーンは卓上計算機「グリーン・マシン」を製作した。ヒューレット・パッカード社はこれを改良したHP-9111Aという電子式卓上計算機を1968年に発売した。また、インテル社はマイクロプロセッサ4004を1971年に発表し市場に送り出し、引き続き72年に8008を、74年には8080を発表した。この8080はパーソナル・コンピュータ誕生のきっかけとなるマイクロ・プロセッサである。

1970年代初めには低価格で市場で購入できる集積回路＜ICチップ＞マイクロプロセッサを使った各種のデジタル装置の制作方法がラジオやエレクトロニクス等の雑誌で紹介されるようになった。そしてDEC、ヒューレット・パッカードやIBMなどのコンピュータメーカーの技術部門では、低価格の汎用パーソナル・コンピュー

56 page

タの製造が模索されていた。しかしその市場規模が小さすぎるとの分析のために実現しなかった。

　こうした技術的環境下で、1974 年に模型飛行機用無線送信機の通信販売会社であった MITS 社のロバート（H. Edward Roberts）はアルテア（またはアルタイル：Altair）と呼ばれるパーソナル・コンピュータの製作販売を企画していた。彼の工場は会社のガレージであった。Popular Electronics 誌の編集長レスリー・ソロモンが 1975 年 1 月号の表紙にアルテアの写真を掲載し、このキットを 397 ドルで販売すると広告した。たちまちにして 数千枚の小切手が送られてきたという。こうしてパーソナル・コンピュータ市場は蓋を開けた。

　アルテアにより開かれたパーソナル・コンピュータの世界は、マニアたちの手により大きく展開することになった。こうしたマニアの中にはマイクロソフト（MS：Micro Soft）社を興したハーバード大学の学生**ビル・ゲイツ**も、DEC 社に勤めていた事のあるアレンもいた。二人は会社を設立しアルテアのプログラムを BASIC で書き換え、アルテア用の BASIC ソフトの販売を開始した。

　パーソナル・コンピュータの第 2 の波は 1977 の夏からである。この年のコンピュータ展示会では完成度が高く、技術的な知識がないユーザーでも使えるパーソナル・コンピュータが発表された。

タンディラジオジャック社	：	TRS-80
コモドール社	：	PET
アップル・コンピュータ社	：	Apple-Ⅱ

　Apple-Ⅱは基本価格が 1200 ドルとずば抜けて高価ではあったが他社を圧倒してしまった。それは Apple-Ⅱはマニア向けの単なるおもちゃではなく、実用になりうるコンピュータであることを証明したからである。

　1983 年 3 月にはオズボーン・コンピュータが発売された。1795 ドルであったが買ってきてすぐ使えるものであり、システム・ソフトウエア、ワード・プロセッシングおよびデータベースなどのプログラム込みの価格であった。

　一方かつては開発を断念した IBM 社は 1980 年夏にパーソナル・コンピュータ市場に参入すべきと決断し IBM5100 をビジネス向けに発表した。しかしこれは高価で失敗してしまった。翌年 81 年に IBM-PC を発売したが、アルテアや Apple-Ⅱと同様にオープン設計方式を採用した。IBM-PC のマイクロプロセッサはインテル

の8088である。そしてMS社のOSを採用した。これまでのパーソナルコンピュータがすべて8ビットマシンであったが、8088を採用したIBM-PCは16ビットマシンであった。このパソコンはたちまちにして数百万台の販売という大成功を収めた。そしてIBM-PCはマイクロコンピュータ＜パーソナルコンピュータ＞業界の標準機器となってしまった。

　オープン設計方式の採用、MS社のOSそしてインテルのマイクロ・プロセッサ（集積回路）の搭載はIBM-PCと互換性のある数多くのクローンPCの出現という現象を引き起こした。

　その後、タンディラジオジャック社と日本の京都セラミック（京セラ）が共同開発したTRS-80＜Model-100＞は、大きさがA4程度、重量は約1.8kgという携帯型であった。Model-100の成功でパーソナルコンピュータはさらに進化し、Laptopと呼ばれるクラスが誕生し、世界的な爆発的普及という現象を引き起こした。東芝のS3100（日本モデルJ3100）は代表的なLaptopコンピュータとして一世を風靡した。

　パソコンのIBM-PC互換路線はインテルのマイクロプロセッサ（CPU）とともに高性能化の道を突っ走り始めた。インテルの共同設立者Gordon Mooreによる「半導体チップに集積されるトランジスターの数は約2年ごとに倍増する」という予測は現在も「ムーアの法則」という名で広く知られているが、そのシリコン集積に関する状況は次の図3-7に示される。

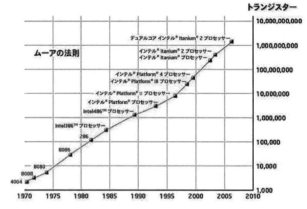

【図3-7】ムーアの法則（インテルのホームページより）

最初のインテル 4004 チップの集積度は 1000 を超える程度であったが、最新の
デュアルコアインテル Itanium2 の集積度は 10 億を超えている。こうした IC 技術
の進歩がパソコンをしてコンピュータとしての地位を確固たるものに築きあげたの
であり、パソコンは今日の情報化社会の重要な担い手となったのである。

（2）パーソナル・コンピュータの役割
　コンピュータのダウンサイジング現象は、ホビーから始まったマイクロコン
ピュータの能力をインターネットの揺籃期のかつての汎用コンピュータを遙かに凌
駕するまで引き上げた。さらにその驚異的というべき低価格化は誰でもどこでもと
いう「Ubiquitous Computing」環境を提供するに至った。

【表 3-5】パソコン性能比較例

	1987/5	2009/1
価格	約 128 万円	約 20 万円
CPU	Intel 80386	Intel Core2Duo
クロック周波数	16MHz	2.80GHz
記憶容量 (最大)	1Mb（4Mb）	2Gb（4Gb）
HD 記憶容量	44Mb	500Gb
デイスプレイ	12 インチ CRT	22 インチ液晶
FD	1.44Mbx1	ーーー
CD/DVD	ーーー	CD/DVD
通信機能	＜なし＞	内蔵
TV 機能	ーーー	地デジ、アナログ

　1980 年中期の一般的なパーソナル・コンピュータは 200 万円程度しており個人
が簡単に購入できる価格ではなかった。**表 3-5** のパソコン性能比較例から高性能化
と低価格化が読み取れる。さらに通信機能内蔵は今日のインターネット環境では必
須条件である。また TV 機能を取り込むこと等によりパーソナル・コンピュータの
家電化傾向が読み取れる。
　パソコンの高性能化は処理分野の拡大をもたらしている。初期の主要な利用形態
は簡単な数値計算やワープロといったものであった。しかしパーソナル・コンピュー
タの高性能化は第 3 世代初期の汎用コンピュータの適用業務をも取り込むほどにな

chapter3　コンピュータ進化の過程——実用化の歴史

り、その応用分野はさらに拡大している。またパソコンが通信機能を持つことにより、グローバルなインターネット世界の重要な担い手としての地位を獲得した。

　こうしたパソコンの装置としての高性能化は、それに付随する利用技術の高度化をもたらしている。高度な利用技術をすべての人が享受できるかは大きな課題であり、政府は IT 社会への取り組みを急務であるとしている。しかしパソコン抜きにはコンピュータ・ネットワークは考えられないのが現状であり、さらに小型でパーソナルなコンピュータの重要性は高まってくるものと予測される。

◎ 次のテーマについて、グループで話し合ってみましょう
//

1. **コンピュータの進化と世代の違い**：真空管世代からトランジスタ世代、そして集積回路世代への移行について、それぞれの技術的な進化とその影響について
2. **真空管とトランジスタの比較**：真空管とトランジスタの基本的な違い、利点と欠点、そしてそれぞれがコンピュータ技術に与えた影響について
3. **半導体技術の発展**：半導体の発見からトランジスタ、そして集積回路への進化について、その技術的な背景と重要性
4. **パーソナルコンピュータの普及と影響**：パーソナルコンピュータの誕生から現在までの進化、その普及が社会や日常生活に与えた影響について
5. **未来のコンピュータ技術**：現在の技術トレンドや研究開発の方向性を基に、未来のコンピュータ技術がどのように進化するか、そしてそれが社会にどのような影響を与えるか

| ► chapter | ► title |

04 データの表現

池や川の水位など自然界の量は連続的に変化する。こういった変化量を**アナログ**（**Analog**）**量**と呼ぶ。これに対して、一定の割合で飛び飛びに変化する量を**デジタル**（**Digital**）**量**と呼ぶ。このとびとびの量は離散的な量であり、一定の割合で変化し、例えば1つ2つと数えた場合、その途中の変化（1と2の間）は関知しない。アナログ量は、われわれの生活感覚に合うものといわれるが、最近ではデジタル量もなじみ深いものとなっている。デジタル時計・デジタル温度計など数値の変化がとびとびになるものが多くある。現在のコンピュータで取り扱う量はデジタル量であることから、コンピュータと言えばデジタルコンピュータ（Digital Computer）を意味する。連続的に変化する電圧変化（アナログ量）を利用したアナログコンピュータも考案されたことがあるが、現在は使用されていない。

コンピュータに関係するデジタル量は、以下に述べる2値素子である。

4-1　2進数の世界（10進数と2進数の違い）

（1）2値素子（Binary element）

電球は点灯の状態か点灯していないかのいずれかである。またコインを投げると表か裏かのどちらかの面が上になる。いずれも2通りの状態しか取り得ない。

電球のオン・オフスイッチのような2つの状態をとる素子を2値素子呼ぶ。数学的には2値状態を表現するための基本符号として「0」と「1」の2種類の文字＝数字（digit）を用いる（2進数）。

現在のコンピュータは、この単純なスイッチの組み合わせによって構成されていると言っても良い。ただし、このスイッチは高度に集積された電子回路によって作

られている。このことからも理解できるように、コンピュータ内部の情報表現は2値状態で表現されている。

(2) 2進数（Binary number）
2進数は**2値数字（Binary digit）**の「0」と「1」を使って表現される。これを4桁の1つ珠のソロバンを使って考えてみよう。

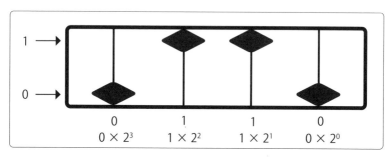

【図4-1】　2進法のソロバン

普通のソロバンでは右から左に一の桁、十の桁、百の桁というように、左に桁を1つ移動する毎に10倍になっている。これを10進位取りと呼ぶ。

2進法のソロバンでは、1つ左に桁を移動する毎に2倍になるという2進の位取りになる。図4-1の2進法ソロバンでは右端の桁を1（$= 2^0$）の位とすると、その左が2（$= 2^1$）の位、その次は4（$= 2^2$）の位に、4桁目は8（$= 2^3$）の位となる。これを重みなどという事がある。1つ珠のソロバンであるから、珠は下にあるか上にあるかの2値状態をのみである。このように2状態のみを表す1桁をbit（ビット）と呼ぶ。図4-1は4ビットのソロバンと呼ぶことができる。この図では、4の桁と2の桁の珠が上にあがっているので、この2進状態を、左から {0, 1, 1, 0} と書き、2進数表現では {0110} と書く。また、Binary digit の頭文字 b を用いて、0110 b と書き10進数と区別することもある。

2進法のソロバンでは左に1桁進むと2倍になり、これは右端から順序に累乗表現で書くと、2の0乗、2の1乗、2の2乗、2の3乗となり、第n桁目は2の(n-1)乗の位取りとなる。この2進数 {0110} を10進数で読み替えると数「6」を表すことになる。10進数への換算は次の通りである。

$$0 \times 8 \quad + 1 \times 4 \qquad + 1 \times 2 \qquad + 0 \times 1 \qquad = 6$$

または、$0 \times 2^3 \quad + 1 \times 2^2 \qquad + 1 \times 2^1 \qquad + 0 \times 2^0 \qquad = 6$

　図4-1の4桁の2進法のソロバン（4ビット）のソロバンでは10進数の0から15までを表現する事ができる。10進数の0から15までの数を2進数で表現すると**表**4-1のようになる。

【表4-1】　10進数の2進表現

10進	2進	10進	2進
0	0000	8	1000
1	0001	9	1001
2	0010	10	1010
3	0011	11	1011
4	0100	12	1100
5	0101	13	1101
6	0110	14	1110
7	0111	15	1111

　2進法のソロバンでは左に1桁進むと2倍になるが、右に1桁ずれると1/2になる。したがって小数部を含む場合には、その位取りは2の−1乗、2の−2乗、2の−3乗と、右に進むたびに（1/2）の累乗となり、小数点以下第m桁目は2の−m乗の位取りとなる。例えば、110.0111bは以下のような計算となる。

$$1 \times 2^2 + 1 \times 2^1 + 0 \times 2^0 + 0 \times 2^{-1} + 1 \times 2^{-2} \ + 1 \times 2^{-3} \ \ + 1 \times 2^{-4}$$
$$= 1 \times 4 \ + 1 \times 2 \ + 0 \times 1 \ + 0 \times 0.5 + 1 \times 0.25 + 1 \times 0.125 + 1 \times 0.0625$$
$$= 6.4375$$

4-2　n進数（2進数、8進数、10進数、16進数）への変換

（1）10進数から2進数への変換の方法
　上で述べたように、小数を含まない2進数から10進数への変換は各桁の数（0か1）に2の（n-1）乗を掛けて合計を計算すればよい。逆の場合には10進数の数

を 2 で割ること得られる余りの値（0 か 1）の並びが 2 進数表示となる。例えば**表 4-1** で 10 進数 14 は、1110b であるが、この計算方法を以下に示す。

10 進数が小数を含む場合には、整数部と小数部に分けて考える必要がある。整数部分は上で述べた方法を用いるが、小数部分はその数を 2 倍した数の整数部（0 か 1）を書き出すことで得られる。例えば、上述の 10 進数 6.4375 は、以下のような計算で 2 進数の小数部を得ることができる。

6.4375 の整数部 6 は 0110b となることは既に計算した。

小数部 0.4375 については、2 倍して整数部を書き出し、小数部が 0 になるまで繰り返す。

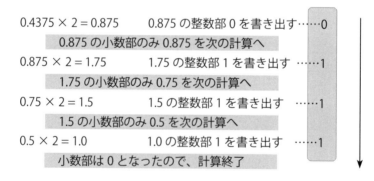

（2）桁の打ち切りによる丸め誤差（循環小数）

10進数で0.2を2進数に変換する場合を考える。

0.2は0.0011 0011 0011……＝ $0.00\dot{1}\dot{1}$b（循環小数）となる。このことは、数を表現するための桁数に限りがあるデジタル表現の場合には、循環する小数を切り捨てることによる打ち切り誤差が生じることを意味する。例えば、0.0011 0011 0011 0011……bを小数点以下4桁で打ち切ると0.0011bとなるが、この10進数は0.1875となり大きな誤差が生じてしまう。

0.0011b

$= 0 \times 2^{-1} + 0 \times 2^{-2} + 1 \times 2^{-3} + 1 \times 2^{-4}$

$= 0 \times 0.5 + 0 \times 0.25 + 1 \times 0.125 + 1 \times 0.0625$

$= 0.1875$

こういった打ち切りによる誤差を少なくする方法としては、数を表現するための桁数を増やすことで対応する。デジタル表現のデータでは、ここで見たような打ち切りによる誤差を考慮してデータ長（数字を表現するために使用するビット数）を設定することが必要な場合がある。この桁落ちは、デジタルコンピュータの宿命で、何回も繰り返し計算を実行するとデータの精度が落ちてくる原因となる。

（3）2進数と8、16進数

2進数で数を表現すると、桁数が多くなってしまい表示には不便である。2進数は4ビットでは表4-1で見たように、0から15の数字を表現できる。このことから4ビット一組としての表示を考えると、0から15の数の変化を1桁とする方法、すなわち**16進表示**による書き換えができる。16進数は10進数の10～15も1桁で表す必要があるので、基本符号として0から9までの数字と、A(10)、B(11)、C(12)、D(13)、E(14)、F(15)の英字（カッコ内は10進数を表す）、合計16種類の文字（16進文字または符号）を使って表す。また、3ビットを一組とすれば、0から7までの数字の変化を表現できるので**8進表示**による書き換えができる。2進数、8進数、16進数のそれぞれの変換は常に2進数を中心に考えれば楽に変換が可能になる。10進数の0から15までと、その2進数表現さらに8進表示、16進表示を表4-2に変換の対応表を示す。

【表4-2】2進数、8進数、16進表示

10進	16進	2進	8進
0	0	0000	0
1	1	0001	1
2	2	0010	2
3	3	0011	3
4	4	0100	4
5	5	0101	5
6	6	0110	6
7	7	0111	7

10進	16進	2進	8進
8	8	1000	10
9	9	1001	11
10	A	1010	12
11	B	1011	13
12	C	1100	14
13	D	1101	15
14	E	1110	16
15	F	1111	17

この表を利用して、10進数の6767を変換すると、以下のようになる。

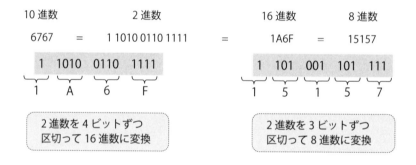

16進数で数を表現する場合にはアルファベット（A～F）が使われることから、10進数以外の表現であることは理解しやすい。しかし、16進数で1234や、8進数で1234である場合などは、10進数なのか他の基数（位取りの桁：ここでは8進数か16進数かということ）が分からなくなってしまう。このことを回避するために、8進数では数字の最後にアルファベットのo（octal numberのo）、16進数の場合にはアルファベットh（hexadecimal numberのh）、10進数の場合にはアルファベットd（decimal numberのd）を書き区別する。上の例では、6767d = 1A6Fh = 15157oとなる。また、16進表示であることを示すために、数字の先頭に0xを書く方法もある。これは後述する漢字のコード表現に使われる。上で述べた1A6Fhと0x1A6Fは同じ意味である。

4-3　記憶の単位

　2 進数で情報を表現するには、多くのビット数が必要になる。このビット数を表す単位として、かつてはニブル（nibble）という、4 ビットを 1 単位とする表現を用いたことがあるが今はほとんど使われない。現在はバイト（byte）が使われる。

（1）バイト（byte）

　8 ビットを 1 単位とする表現を**バイト（byte）**と呼ぶ。記憶容量を表す単位は、このバイト表示で行われ、記号 B が使われる。8 ビット＝ 1 バイト、16 ビット＝2 バイトなどである。

（2）記憶容量の表現

　われわれが日常用いる 10 進数の場合、数の表現は 10 のべき乗（10n）で変化する。この場合には、上述の補助単位（K、M、G、T）は以下のように扱われる。

記号	読み		指数表示	
T	Tera（テラ）	1,000,000,000,000	10^{+12}	1 兆
G	Giga（ギガ）	1,000,000,000	10^{+9}	10 億
M	Mega（メガ）	1,000,000	10^{+6}	100 万
K	killo（キロ）	1,000	10^{+3}	千

　2 進数を用いた数の表現は 2 のべき乗（2^n）で変化するが、大きな数値を表示する場合には桁数が多くなってしまうため、2^{10}（＝ 1024）バイトを単位として K（キロ）、M（メガ）、G（ギガ）、T（テラ）と呼ぶ接頭語を用いる。

・1KB（キロバイト）＝ 2^{10} バイト
　　＝ 1024^1 バイト＝ 1,024 バイト
　　（約 1,000 ＝ 10^3 バイト＝千バイト）
・1MB（メガバイト）＝ 2^{20} バイト
　　＝ 1024^2 バイト＝ 1,048,576 バイト
　　（約 1,000,000 ＝ 10^6 バイト＝百万バイト）

chapter 4　データの表現

- 1GB（ギガバイト）＝ 2^{30} バイト
  ＝ 1024^3 バイト ＝ 1,073,741,824 バイト
  （約 1,000,000,000 ＝ 10^9 バイト ＝ 10 億バイト）
- 1TB（テラバイト）＝ 2^{40} バイト
  ＝ 1024^4 バイト ＝ 1,099,511,627,776 バイト
  （約 1,000,000,000,000 ＝ 10^{12} バイト ＝ 1 兆バイト）

このように 2 進数と 10 進数は厳密には同じ値にならない。しかしコンピュータの記憶容量を表示する場合には、分かりやすくするために、2 進数数で現れる端数を省略して 10 進数で記載する場合が多い。例えば 400GB（ギガバイト）のハードディスクレコーダという場合、実際の記憶容量は 400 × 1,073,741,824 バイトである。デジタル機器の場合、情報量は必ず 2 進数で扱われるので、厳密な要領の計算を必要とする場合には、補助単位は 1024^n あるいは 2^n で計算しなければならない。

4-4　文字と数字の表現

コンピュータの世界ではすべてのデータを 2 進数の「0」、「1」を使って表現する。アルファベット、数字、カタカナ、ひらがな、漢字など数多くの情報を 2 進数で表すには、「0」、「1」の組み合わせを文字に対応させることになる。**文字コード**とは、コンピュータが文字や記号を表現するために、各々の文字に割り振った符号のことである。文字コードには 1 バイトコード、2 バイトコードがある。

4-4-1　ローマ字の世界の文字表現

コンピュータは英字＝ローマ字を使用するアメリカやイギリスで開発され発展してきたものである。こうしたアメリカやイギリスなどの西欧社会で使われる文字の数は多くはない。アルファベットは 26 文字である。数字は 10 文字、特殊文字と呼ばれる記号なども 20 文字もあれば十分である。仮にアルファベットに大文字と小文字を用意しても、その総数は 100 文字程度である。

1 バイトを構成する 8 ビットの組み合わせ数が 256 通りであることは、基本的に 1 バイトだけで、これら英語圏で使われる文字のすべてを表現可能とする。この文字を 1 バイト文字または半角文字と言う。

（1）ASCII（American national Standard Code for Information Interchange）コード

ASCII コードは、アメリカで使用される英数字記号94文字に改行やESC（エスケープ）などコンピュータを制御するコードを合わせて規格され、全部で128通りの文字コードである。128種類の対応の組み合わせであることから必要なビット数は7ビットであり、さらに西ヨーロッパ諸国の特殊文字を使用できるようにして、ISO646（ISO：International Organization for Standardization：国際標準化機構）で規格された標準の文字コードである。1バイト文字として有名であるが、当初最上位ビット（8ビット目）は、パリティビットとして使われた。パリティビットとは、電話回線などを介してデータを転送する場合に使用されるチェック用のビットであるが、直前に送った7ビットが偶数か奇数かのチェックを行うためのビットである。それでも、データの信頼度を向上させるために使用されて役立っていた。

例	
ビットの状態	意味
(0/1)1000001	A

（2）拡張 ASCII コード

その後、最上位ビット（8ビット目）を文字コードの定義として利用することで、256文字の定義を可能にした拡張 ASCII コードが IEC（International Electrotechnical Commission：国際電気標準会議）と合同で定義されている。ISO/IEC8859-1 から ISO/IEC-8859-16 まであり、英語圏以外の文字（Latin alphabet, Cyrillic alphabet, Greek alphabet, Tai alphabet など）も表現するコードが規格されている。このコードでは7ビット ASCII の部分（low ASCII）は、ほぼ共通であるが、拡張された部分（high ASCII）の94文字はインストールする OS の基本言語によって異なる。この拡張 ASCII には日本語半角カナは定義されていない。

（3）JIS8 ビットコード、ANK（Alphabet Numerals and Katakana）コード

ASCII コードでは使われない最上位ビットを利用して、ASCII では未定義であったビットの組み合わせに日本語カタカナ（半角カナ）文字を追加したコード。日本のパーソナルコンピュータの1バイトコード（半角英数文字）として広く使用されている。しかしインターネット上でファイルを添付する場合、このコードで定義さ

chapter 4　データの表現

れている半角カナ文字は使用禁止である。ブラウザによっては、文字化けしてしまうことがある。**表4-3**に、このコード表を示しておく。この表で0x00から0x7F(low ASCII) は上述のASCIIコードと同じである。

【表4-3】 JIS8 ビットコード

上位 4 ビット

下位4ビット	0	1	2	3	4	5	6	7	8	9	A	B	C	D	E	F
0	NUL	DEL	SP	0	@	P	`	p				–	タ	ミ		
1	SOH	DC1	!	1	A	Q	a	q			。	ア	チ	ム		
2	STX	DC2	"	2	B	R	b	r			「	イ	ツ	メ		
3	ETX	DC3	#	3	C	S	c	s			」	ウ	テ	モ		
4	EOT	DC4	$	4	D	T	d	t	未		、	エ	ト	ヤ	未	
5	ENQ	NAK	%	5	E	U	e	u	定		・	オ	ナ	ユ	定	
6	ACK	SYN	&	6	F	V	f	v	義		ヲ	カ	ニ	ヨ	義	
7	BEL	ETB	'	7	G	W	g	w	領		ア	キ	ヌ	ラ	領	
8	BS	CAN	(	8	H	X	h	x	域		ィ	ク	ネ	リ	域	
9	HT	EM	)	9	I	Y	i	y			ゥ	ケ	ノ			
A	LF	SUB	*	:	J	Z	j	z	0x80		ェ	コ	ハ	レ	0xE0	
B	VT	ESC	+	;	K	[	k	{				ォ	サ	ヒ	ロ		
C	FF	S	,	<	L	¥	l	|	0x9F		ャ	シ	フ	ワ	0xFF	
D	GR	GS	–	=	M	]	m	}			ュ	ス	ヘ	ン		
E	SO	RS	.	>	N	^	n	~			ョ	セ	ホ	゙		
F	SI	SU	/	?	O	_	o	DEL			ッ	ソ	マ			

　表で半角英数文字Aのコードを探す場合は、上位4ビットが0x4、下位4ビットが0x1であるので、16進表示では0x41、2進表示では0100 0001となることが分かる。ここでhigh ASCIIの0x80〜0x9F、0xE0〜0xFFの領域は未定義領域であることに注意してもらいたい。このことを利用して、後述するシフトJISコード（漢字コード）とASCIIコードの混在が容易に行われるようになった。

（4）EBCDIC（Extended Binary Coded Decimal Interchange Code）

　アメリカIBM社が定義した8ビットコードで、汎用コンピュータでよく使用される。日本語の文字定義（半角カナなどの1バイト文字）はメーカー独自に定義される。このために互換性が大きな問題となる。

　1バイト系の文字体系の内、EBICDICとASCIIのコードの表現例を**表4-4**に示す。

【表4-4】 1バイト文字コードの例

文字	EBICDIC コード	ASCII コード
2	1111 0010	0011 0010 (32 h)
A	1100 0001	0100 0001 (41 h)
a	1000 0001	0110 0001 (61 h)
=	0111 1110	0011 1101 (3D h)

4-4-2 漢字の表現（JIS漢字コード・シフトJIS・Unicorde）

1バイト文字では最大256文字が定義できるのみである。このため数千から数万という漢字をコード化するために16ビットを用いる。いわゆる2バイト文字コード体系が開発された。この文字を2バイト文字または全角文字と言う。以下に代表的文字コードの概要を示す。しかし、例えば日本の2バイト漢字コードと中国の2バイト漢字コードは互換性がない。これは情報交換の大きな障害となっている。こうした不具合を回避するために後述するUnicodeが開発されている。

（1）JIS漢字コード

日本では日本標準工業規格（JIS）で情報処理用漢字コードを定めている。第1水準漢字として2965種、第2水準漢字として3388種、合わせて6353字である。こうした多数の文字は2バイト文字としてコード化されているが、理論的には2バイト（16ビット）では2の16乗、6万5536通りの組み合わせが可能である。

例

JIS漢字コード	漢字	コードの16進表示
0011 1110 0111 0000	情	0x3E70
0100 1010 0111 0011	報	0x4A73

日本の漢字コードには区点コード、旧JISコード、新JISコードなどと呼ばれるものが存在する。これはコンピュータでどう漢字を扱うかという苦心の軌跡である。

新聞編集はコンピュータを全面的に利用しているが、JIS漢字では不十分であるために、新聞社独自の漢字コード体系を開発し使用しているのが現状である。

JIS漢字の2バイト文字とASCIIなどの1バイト文字を混在させる場合には、漢字（2バイトコード）であるか1バイト文字かを区別するエスケープシーケンスを付加する必要がある。漢字コードの始まりとして必ず [ESC]+[$]+[B] (0x1B 0x24

chapter 4 データの表現

0x42) の 3 文字を書く。JIS8 ビットコードが始まるときには必ず [ESC]+[( ]+[J] (0x1B 0x28 0x4A) の 3 文字、また ASCII コードのときには必ず [ESC]+[(]+[B] (0x1B 0x28 0x42) の 3 文字を書くことで、文字コード対応表が変わったことをコンピュータに伝えるように工夫されている。

（2）シフト JIS
パーソナルコンピュータの OS で広く使用されている 2 バイト漢字コードであるが、JIS 規格で定義されたコードではない。漢字 2 バイトコードの第一バイトを JIS8 ビットコードで使用していない領域（前述の high ASCII 未定義領域）を利用して漢字コードを定義している。このコードを用いた場合に、1 バイト文字、2 バイト文字を混在させることは JIS 漢字コードよりも容易で、単にコードを並べるだけで、識別のための特別なシーケンスは必要ない。混在したコードの識別方法は、文字列の第 1 バイトを検査して、JIS8 の未定義コード（0x80 ～ 0x9F、0xE0 ～ 0xFF）であれば、次の 1 バイトと合わせて、2 バイトコードと判断し漢字に変換する。それ以外には、1 バイト文字として半角文字変換を行う。このコードを使用した場合、データの通信過程で 1 バイトの文字抜けがあると、それ以後のデータはすべて文字化けしてしまうという問題もある。

4-4-3　Unicode と国際標準規格
上述したように日本の漢字は日本独自のコード体系である。このため国際的な標準文字体系が必要になってきた。

（1）Unicode
Unicode は世界各地で使用されている多言語文字を 2 バイト文字として統一して定義したものである。Unicode Consortium; ユニコードコンソーシアム（Adobe Systems Inc., Microsoft Corporation, Apple Computer Inc., Oracle Corporation, Denic G., SAP AG, Google Inc., Sun Microsystems Inc., Hewlett-Packard, Sybase Inc., IBM Corporation, Yahoo! Inc., Justsystem Corporation などが参加）で作成された。
1990 ～ 1991 年当時はコンソーシアム独自の規格 Unicode と国際標準化機構（ISO）の多重言語文字セット規格（UCS：Universal Multiple-Octet Coded Character Set）が作られていたが、国際標準を統一する目的で ISO/IEC 10646 が

1993 年に制定された。この規格は 16 ビットを用いる Unicode（6 万 5536 文字）を 32 ビットに拡張した形（およそ 21.47 億文字／最上位ビットはコードとしては使用しないので実質 31 ビット）になっている。これらを区別するために、16 ビットコードを UCS-2、32 ビットコードを UCS-4 という。

（2）拡張ユニックスコード：EUC（Extended Unix Code）

UNIX コンピュータで使用されるコードの変換方式である。言語によって、日本語 EUC（EUC-JP）、韓国語 EUC（EUC-KR）、簡体字中国語 EUC（EUC-CN）、繁体中国語 EUC（EUC-TW）などがある。EUC-JP は、JIS X 0208（日本工業規格で規格された文字集合および符号化方式――ビット変換――の規格）の文字を UNIX で使用できるようにした UNIX 標準的日本語コードである。

4-4-4　2 進化 10 進数（BCD：Binary Coded Decimal）

10 進数の各桁の数字を 2 進数で表現する方法である。10 進数は 0 〜 9 までの数字からなるので、これを等価な 2 進数で表現するには、4 ビット必要である。こういった表現を自然 2 進化 10 進コードまたは **BCD コード**（8421 コード）と呼ぶ。例えば、10 進数の 4 桁の数字「1234」を表現するためには、4 ビット単位にしたものを 4 組使う。これは 16 ビット＝ 2 バイトに相当する

10 進数	2 進化 10 進法（BCD）
1234	0001 0010 0011 0100
	1　　 2　　 3　　 4

この他に 2421 コードと呼ばれるコードも BCD の仲間である。これは、ある数を 2421 コードで表し、その各ビットを反転（0 → 1、1 → 0）すると、10 進表示での 9 の補数が得られるコードである。このコードは減算を行うときに利用できるコードである。補数による減算に関しては後述するが、負の数の表現と考えればよい。例えば 10 進数の 825 の 9 の補数は 174（各桁の数字を 9 から引く）であるが、これを 2421 コードで考えると次のようになる。825 を 2421 コードで表し [1110 0010 1011]、反転すると（1 の補数）[0001 1101 0100] になり、これは 2421 コード表示での 174 と等価になっている。引き算をしないで 9 の補数が得られる。

chapter 4　データの表現

4-4-5　整数と実数の扱い

2進数で数を表現する場合には、いくつかの方法がある。数が整数か小数によってもデータの各ビットの役割は大きく異なる。また小数では、使用するビット数によって表現できる数の精度が決まることは、2進数への変換で桁の打ち切りの項でも述べた通りで、データビットの有効な使い方を工夫する必要がある。また数の表現に使用されるデータ長は8、16、32、64ビットと様々であり、数の大きさ精度によってデータ長の定義を変える。ここで述べる精度とデータ長の関係は、IEEE：Institute of Electrical and Electronics Engineers（アイトリプルE）規格[電気電子学会規格]に従うものである。

（1）整数の絶対値表示

最も単純な表現方法はデータの最上位ビット（MSB; Most Significant Bit）を符号ビットとして使用し、それ以外のビットを使用して数字を2進数で表す方法である。符号ビットは「1」の場合が'－'、「0」の場合が'＋'を意味する。データビット長が8ビットの場合、以下に示すように－127から＋127を表示することができる。

10進数	2進数	10進数	2進数
－ 127	1111 1111	＋ 127	0111 1111
－ 126	1111 1110	＋ 126	0111 1110
……………		……………	
－ 2	1000 0010	＋ 2	0000 0010
－ 1	1000 0001	＋ 1	0000 0001

（2）補数

負の数を計算に便利な方法で表示する工夫がある。上述した補数による表現であるが、この表現によって減算を加算として扱うことができるようになる。補数の考えを説明するために、10進数2桁の簡単な引き算を考える。

例として78－46＝32であるが、これを78＋（－46）としてカッコ内を補数表現で書く。この場合10進数なので「10の補数」を求める。この方法は各桁の数字を9から引き（9の補数）、その結果に1を加える。得られた数（この場合には54）と78の足し算によって132が得られるが、はじめに設定した桁数のみの数字を採

74　page

用することで、引き算の結果が得られることが分かる。

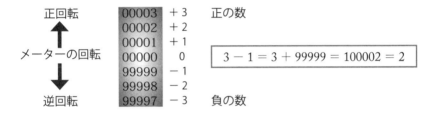

補数の表示は車の走行距離計を考えると理解の助けとなる。00000の5桁のメーターを考える。

このメーターで逆回転することで得られる数字は0を基点として負の方向に進んだ回転数を意味する。この例は10の補数表示の例であるが、2進数の場合での2の補数も同様の考えで理解できる。2の補数の計算方法は、1の補数（各ビットを反転）を求めて1を加えるだけでよい。

（3）補数による整数表現

技術計算のための多くのプログラム言語では、整数データを4バイト＝32ビットを用いて表現するのが一般的である。

32ビットの組み合わせの数は、$2^{32} = 4,294,967,296$通りであるので、扱える整数データの範囲は、補数方式で次の10桁弱の範囲となる。MSB（最上位ビット）を符号ビットとして使用するので、31ビットで表現できる数が表現範囲となる。

$$-2^{31} \leq n \leq +2^{31}-1$$
$$-2,147,483,648 \leq n \leq +2,147,483,647$$

整数の場合には、扱う数が小さい場合には2バイト＝16ビットで表現する場合もある。

chapter 4　データの表現

$$-2^{15} \leqq n \leqq +2^{15}-1$$
$$-32768 \leqq n \leqq +32767$$

（4）浮動小数点による小数を含む数の表現（単精度実数と倍精度実数）

　実数データも 4 バイトで表すのが基準となる。4 バイトの 32 ビットをデータの符号、仮数部、指数部の 3 つの部分に分けてデータを記憶させる。データ長が 32 ビットである場合には、単精度実数と呼ぶ。実数データの指数表現の一般型は次のようになる。

$$\pm 0.\ \underline{nnn...nnnn}\ \times\ 10^{\pm mm}$$

符合部　　　仮数部　　　　　指数部

　例えば「12. 345」という 10 進数は次のように表すことができる。
$$+ 0.\ 12345 \times 10 + 02$$

　IEEE754 規格に従えば、2 進数表示の場合には、データの各ビットの役割は以下のようになる。MSB をデータの符号を表す符号部を記憶するために使用し、仮数部には 23 ビットを、指数部の指数には 8 ビットを割り振る。

$$\pm\ \underline{1.\ ppppp}\ \times\ \underline{2^{qq}}$$

符合部　　　仮数部　　　　指数部

±	指数部 e	仮数部 f	
31	30　〜　23	22　　　　　　　　〜　　　　　　　　0	ビット位置

　指数部は符号を表すために、7Fh をゼロ、80h 〜 FFh を＋ 1 〜＋ 128、逆に 7Fh 〜 00h を－ 1 〜－ 127 にそれぞれ対応させて表現する。仮数部は 1 か 0 の数字だけであるので、仮数部の数字は必ず 1 から始まるように指数部を設定する。このような方法を正規化と呼ぶ。また指数部で 2 の 0 乗を意味する値は 7F h であるが、e が 00 h となる場合にも、仮数部の 0 と合わせてゼロを表す。また e = FF h(255d) の場合には、さらに特別な意味がある。仮数部が 0 の時には「無限大」を表し、仮

数部が 0 以外では「数字ではない」ことを表す（NaN：Not a Number）。こうすると、指数部で表される数 e は 00 h（－127 に相当）と FF h（＋128 に相当）を除いて、$2^{-126} \leqq e \leqq 2^{127}$、仮数部は符号抜きでの絶対値表示を行うので 2^{23} までの数字を表現できる。実際には、正規化によって消えていた 1 ビットを加え、1.pp……となる（pp……は仮数部 f の 2 進表示）。仮数部は実質 24 ビットを使用することになる。

　桁の打ち切りによって計算結果に誤差が生ずる場合、データの精度をさらに高める必要がある。この場合にはデータ長を 2 倍にして 64 ビットを使った表現となる。この方法での実数表示を倍精度実数と呼ぶ。データの各ビットの役割は以下のようになる。

±	指数部 e	仮数部 f	
63	62 ～ 52	51　　　　　　　　　　　～　　　　　　　0	ビット位置

　倍精度では指数部で表される数 e は、$2^{-1022} \leqq e \leqq 2^{1023}$、仮数部は符号抜きでの絶対値表示を行うので 2^{52} までの数字を表現できる。実際には、正規化によって消えていた 1 ビットを加え、実質 53 ビットを使用することになる。

4-5　論理回路とブール代数

　デジタルコンピュータはトランジスタ、IC、LSI、VLSI といった集積回路で構成されており、取り扱う数値は「0」と「1」しかない。こういった意味でデジタルコンピュータはスイッチの集まりであって、その組み合わせで 2 値数値の計算などが可能になっている。こういったデジタル量を処理する電子回路をデジタル回路（digital circuit）、一般的には論理回路という。論理回路は以下に述べる 3 つの異なる動作のスイッチを基本としており、これらを高度に集積化してコンピュータが作られている。

（1）AND 回路
　デジタル回路の基本は電気の ON、OFF である。このスイッチはトランジスタの組み合わせで作られており、入力の状態で出力が決まる仕組みを持っている。簡単のために 2 つの入力に対して 1 つの出力がある場合を考える。入力を A, B 出力

をZとする場合、A, B共に「1」の入力があった場合にのみZに「1」が出力されるような論理回路をAND回路または**論理積回路**という。

この動作は**図4-2**に示すような、2つのスイッチが直列につながっている電灯を考えると理解の助けになる。実際にはこのスイッチ2つがトランジスタで構成されている。スイッチAを1つの入力、スイッチBをもう一方の入力として、電灯の点滅を出力Zと考える。

この回路の場合には、A, Bのスイッチは共にONの場合のみZは点灯する。スイッチがONになっている状態を2進数の「1」、OFFの状態を「0」、出力では電灯が点いた状態を「1」、消えた状態を「0」と考えて、入力A, Bに対する出力Zを表すと4つのパターンになる。この変化を表にまとめて、真理値表（**表4-5**）という。また入力が2つのAND回路の回路記号を**図4-3**に示しておく。

【表4-5】AND回路の真理値表

入 力		出力
A	B	Z
OFF (0)	OFF (0)	OFF (0)
OFF (0)	ON (1)	OFF (0)
ON (1)	OFF (0)	OFF (0)
ON (1)	ON (1)	ON (1)

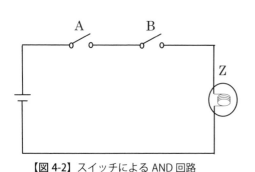

【図4-2】スイッチによるAND回路

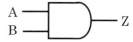

【図4-3】2入力AND回路の回路記号

デジタルコンピュータのように「0」「1」のみの状態しかない場合に、真理値表に示されるような変化を記述する数学的手法があり、この分野はブール代数として知られる論理数学で表現される。AND回路の場合には、$Z = A \cdot B$ と表す。このブール代数で使われる式を論理式と呼ぶ。

実際のAND回路に情報として「0」「1」を入力することは、電圧のレベルを変えることに対応する。例えば入力の情報として0V→「0」、5V→「1」として、出力の電圧が0Vか5Vかを確かめることになる。

(2) OR 回路

AND 回路ではスイッチを直列につないだが、**図 4-4** のように並列に接続したものを、OR 回路または**論理和回路**という。A または B のいずれかのスイッチが ON の時（1 の状態の時）に Z の電球は ON ＝点灯（1 の状態）する。

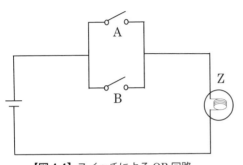

【図 4-4】スイッチによる OR 回路

【表 4-6】OR 回路の真理値表

入力		出力
A	B	Z
0	0	0
0	1	1
1	0	1
1	1	1

【図 4-5】2 入力 OR 回路の回路記号

OR 回路の真理値表は**表 4-6** のようになり、「OR」の代わりに「＋」を用いて、論理式は、Z ＝ A ＋ B と表す。

(3) NOT 回路

図 4-6 の回路では、A のスイッチを ON にすると、スイッチの電気抵抗は小さいので、電流はスイッチ A を通って流れて、電球には電流が流れなくなる。スイッチを入れると、電球は消えてしまう。このような動作の回路を NOT 回路または否定回路という。

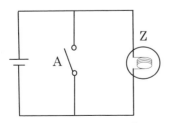

【図 4-6】NOT 回路の回路

【表 4-7】NOT 回路の真理値表

入力	出力
A	Z
0	1
1	0

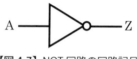

【図 4-7】NOT 回路の回路記号

　NOT 回路の真理値表は**表 4-7** のようになり、否定を表す記号として「－」ダッシュ記号を用いて、論理式は $Z = \bar{A}$ と表す。この $\bar{A}$ の否定は $\bar{\bar{A}}$ と表されるが元の A に等しい。

(4) 簡単な加算回路＜半加算回路＞
　1 ビットの加算を行うと以下のような計算となる。加える数がどちらも 1 の場合に桁上がりが生じるので、結果の表示には 2 ビットが必要となる。

```
      0           1           0           1  ← 入力 A
   +  0        +  0        +  1        +  1  ← 入力 B
   ─────       ─────       ─────       ─────
      0 0         0 1         0 1         1 0
                                          ↓ ↓
                                       出力C 出力Z

 0b+0b=00b   1b+0b=01b   0b+1b=01b   1b+1b=10b
```

　加え合わせるビットの値を入力 A, B として結果の出力を C, Z とする場合の真理値表は以下のようになる。ここで出力 C は桁上がりを表す。入力 A, B に対する出力 C, Z の変化を**表 4-8** に示す。先に述べた 3 つの基本的論理回路を使って、表のような変化をもたらす論理回路を作ることが可能である。これはコンピュータ回路の中でもっとも基本的な加算器であるが、下位の桁からの桁あがり入力が考慮されていないことから、**半加算器**と呼ばれる。

【表 4-8】半加算器の真理値表

入 力		出 力	
A	B	Z	C
0	0	0	0
0	1	1	0
1	0	1	0
1	1	0	1

真理値表を調べることで半加算器の論理式を導くことができる。まず出力 Z は入力 A, B の値がお互いに違うときに「1」となっている。つまり A =「0」および B =「1」の場合は、$\bar{A}$ =「1」であるので、$\bar{A} \cdot B$ =「1」、また A =「1」、および B =「0」の場合は、$\bar{B}$ =「1」となって $A \cdot \bar{B}$ =「1」となる場合のことを意味する。したがって、この論理式は $Z = \bar{A} \cdot B + A \cdot \bar{B}$ となる。出力 C が「1」となるのは、入力 A, B が共に「1」の場合であるので、$C = A \cdot B$ となる。したがって半加算器の論理式は、以下の 2 式となる。

$$Z = \bar{A} \cdot B + A \cdot \bar{B}$$
$$C = A \cdot B$$

半加算回路で実行すると次のようになる。図 4-8 の回路を半加算回路といい、2 進数の一桁の加算と、その桁上がりを処理することができる。

　この論理回路の信号変化を検証してみる。1 + 1 = 2（10b）の場合を考えると、
1）入力端子の A に 1、B に 1 の信号が入る。
2）OR 回路①の出力は 1 になる。
3）AND 回路②の入力は（1, 1）であるから出力 D は 1 になり、さらに NOT 回路の入力が 1 になる。
4）NOT 回路③の入力が 1 であるから、この出力は 0 になる。
5）AND 回路④の入力は（1, 0）となるので、出力 C は 0 となる。
6）出力 D は 2 進の桁あがりを示す。この桁あがりが、次の桁の入力となる。

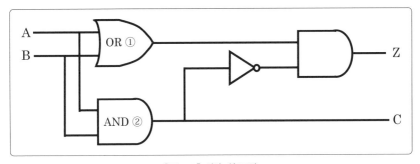

【図 4-8】半加算回路

　半加算回路を次々につなぐと、必要とする桁数の 2 進の加算機を設計する事ができる。実際の設計では、動作の安定性などを考えてずっと複雑な回路設計となる。

chapter 4　データの表現

4-6　2進数の計算

（1）2進数の加算

2進数の1桁の加算には、次の4つの場合がある。

$$0+0 \qquad 0+1 \qquad 1+0 \qquad 1+1$$

これは、1つ珠のソロバンで考えると次のようになる。

```
      0          0          1          1
  +   0      +   1      +   0      +   1
  ─────      ─────      ─────      ─────
      0          1          1         10
                                       ∪
                                     桁あがり
```

ソロバンの珠が増えれば、大きな数の計算もできる。例えば、4ビット（珠は4つ）の足し算では、次のようになる。

```
    0111        0101        1010
  + 1001      + 1001      + 1111
  ──────      ──────      ──────
    1111        1110       11001
                 ∪         ∪∪∪
                          桁あがり
```

（2）補数……引き算

整数＋の表現に補数方式を採用するとデータの正負の符号を考えずとも、加算、減算を符号まで含めた形で機械的に処理する事ができる。コンピュータでは**パスカルの補数**の考え方を採用している。

4ビットの場合で考えてみよう。組み合わせの数は16通りあるが、補数の考えを使うと、－8から＋7までは**表4-4**のように表す事になる。

補数を使うと、10進数の＜ 1 － 1 ＝ 0 ＞の計算は次のようになる。

```
10進数       1        2進数        0001
         －   1                 +) 1111
         ─────                 ──────
             0                   10000
                               ↑ 桁はずれで消える
                               ──────
                                 0000    ←答　0
```

10進数の計算例をいくつか挙げてみよう。

$$7 - 2 = 5 \qquad 2 - 5 = -3 \qquad -1 - 4 = -6$$

これらは2進数で補数を使うと次のようになる

```
   0111              0010            1111
+) 1110           +) 1011        +) 1100
 10101         答  1101           11010
 ↑桁はずれで消える                  ↑桁はずれで消える
答  0101                       答  1010
```

（3）シフト演算

整数型2進数の演算で、各ビットを左右に**シフト**することで、元の数値を2倍（左シフト）または1/2（右シフト）することができる。このシフト演算には**論理シフト演算**と**算術シフト演算**があるが、この違いは符号ビット（最上位ビット）を考えるか否かである。

論理シフト演算では、左右のシフトで空きビットになった部分に0を入れ、あふれたビットは捨てる操作が行なわれる。算術シフト演算の左シフトでは、符号ビット（最上位ビット）はそのままで、シフトで空いた最下位ビットに0が入り、左からあふれたビットは捨てる操作が行われる。右シフトでも符号ビットはそのままで、さらに右シフトで空いたビットには符号ビットと同じビット数値を入れ、右にあふれたビットは捨てる操作が行われる。算術シフト演算は符号付きデータの演算である。

4-7　デジタル画像・音声データの扱い

カメラやビデオ等の画像の世界は従来のフィルムを用いていたアナログからデジタルに移行したといえるほどになった。また音声データもデジタルに移行して、オーケストラ演奏をコンピュータ上で手軽に再現できるようになっている。

4-7-1　デジタル画像

デジタルカメラなどの画像は加工ソフトを使って拡大すると正方形の集合であることが分かる。この正方形がピクセル（Pixel・画素）と呼ばれる画像の最小単位である。デジタル画像では横縦比が約4対3で、横640ピクセル、縦480ピクセ

ルの場合、ピクセルの総数は 640 × 480 ＝ 307,200 となる。このピクセルの一つ
一つが色情報を持っている。白黒のみの画像の画素の色を黒を 0、白を 1 とすれば、
1bit で 1 ピクセルの色情報が表現できる。しかし通常の白黒写真では 8 ビットを
用いて 256 階調で表現されている。これをグレースケール表示という。カラー画
像の場合は光の 3 原色の赤青緑の 3 色を重ね合わせて表現する。この赤色、青色
及び緑色に各々 8 ビットを使って色情報を与えているので、1 ピクセルの色を表現
するためには 24 ビットが使われることになる。

　1 枚のデジタル画像データのファイルの大きさは、横 640 ピクセル、縦 480 ピク
セルとして計算すると次のようになる。

❶白黒の 1 ピクセル 1 ビットの場合：約 37.5KB

　　640(Pixel) × 480(Pixel) × 1(bit) ＝ 307,200(bit) ＝ 38,400(byte)

❷グレースケール表示の 1 ピクセル 8 ビットの場合：約 300KB

　　640(Pixel) × 480(Pixel) × 8(bit) ＝ 2,457,600(bit) ＝ 307,200(byte)

❸1 ピクセル 24 ビットのカラー画像の場合：約 900KB

　　640(Pixel) × 480(Pixel) × 24(bit) ＝ 7,372,800(bit) ＝ 921,600(byte)

　　　注：いずれも 1KB ＝ 1024B で計算している。

　このファイルサイズは、**ビットマップ（Bitmap）形式**で画像を保存する場合のファ
イルサイズとほぼ一致する。ビットマップ形式の画像ファイルは、WINDOWS で
の標準フォーマットであり、どの画像加工ソフトウェアでも開くことが可能である。
さらに画像の劣化という問題はない。しかし実際の画像データはそのままでは大き
いので、圧縮技術を利用した **JPEG 形式**などで保存するのが一般的である。

　JPEG は「ジェイペグ」と読むが、「Joint Photographic Experts Group」のことで、
静止画像データの圧縮方式の一つである。圧縮率は 1/10 〜 1/100 程度で、写真な
どの圧縮には効果的である。上述した例（3）の 900KB のデジタル画像の場合、圧
縮率を 1/10 とすると、メモリ上の JPEG 画像の記憶容量は約 900 ÷ 10 で約 90KB
になる。このような圧縮技術による画像データの保存方法はメモリを有効に利用す
る一つの手段である。

　デジタル画像データをディスプレイ上に表示するためには、コンピュータ内の画
像ボード上で表示データを作成する。このためコンピュータは十分なメモリ容量を
持たなければならない。

　デジタル画像は総画素数が大きいほど解像度が高いことになるが、最近のデジタ

ルカメラでは 1000 万画素、ビデオカメラでは静止画で 400 万画素、動画で 200 万画素を越えるような高解像度の機種もみられるようになった。

4-7-2 音声データ

デジタル音声データは PCM：Pulse Code Modulation と呼ばれるデジタル変換手法で実際に楽器などのアナログ音声をサンプリング（デジタルデータ化）して蓄積しておき、デジタル楽器と呼ばれる電子機器で手軽に多くの楽器の音色を再現できるようになっている。コンピュータ上でオーケストラ演奏を再現でき、楽器の演奏技術がない場合でも作曲を楽しむことが可能になっている。

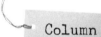

アラビア数字、ローマ数字、漢数字

われわれが普段、使用している数字はアラビア数字である。このアラビア数字の起源はインドで、6 世紀頃に＜インド数字＞としてアラビアに渡り、さらに 12 世紀にヨーロッパ社会に「アラビアの数字」として紹介された。当時のヨーロッパ社会ではローマ数字が用いられていたが、この「アラビア数字」が、実際にヨーロッパで使われるようになったのは 16 世紀以降のことである。

漢数字は中国で発明されたものであるが、これは最も早い 10 進法体系を持った記数法と云われている。この漢数字は一、十、百、千等という位取りの単位を持っている。

ローマ数字も 10 進法であるが、位取りの単位がない。ローマ数字の書き方を次に示す。

ローマ数字の書き方

表記法	意味	表記法	意味
I	1　One	C	100　Handred
V	5　Five	D	500　Five handred
X	10　Ten	M	1,000　Thousand
L	50　Fifty	V	5,000　Five thousand

（注：V は 5,000 でも使う）

ローマ数字の表記の基本は次のようになる。

3	III	1 が 3 つで 3 になる
4	IV	5 から 1 を引くと 4 になると表す。引く数 1 を 5 の左に書く
8	VIII	5 に 3 を加えると 8 になると表す。加える数 3 を 5 の右に書く
9	IX	10 から 1 を引くと 9 になると表す。引く数 1 を 10 の左に書く

　数値「203」は、百の位の数が 2 で、十の位にはゼロ記号＜ 0 ＞が置かれ、1 の位に 3 がある。ローマ数字では「CCIII」となる。100 を表す文字「C」を 2 つ続けて書き、1 を表す文字「I」を続けて 3 つ書くが、10 の位がゼロであるとは書かない。これはゼロを表す方法を持たないからである。

　漢数字では「203」は、百が 2 つあるとし「弐百」と表し、1 が 3 つある事を「参」とし「弐百参」と書く。10 の位のゼロを「零拾」とは書くことはない。これはローマ数字の書き方と同じである。漢数字では最大の数は「大数」でこれより大きな数はないとしている。

　漢数字やローマ数字などの記数法は、桁の単位を表す記数文字を用いる表記法を採用していて数の表記の仕方が難しいが、10 進法と位取りとゼロを表す文字＜ 0 ＞を持つアラビア数字の表記法の簡単明瞭さは代数学の発展のみならず、われわれの生活に多くの利便性をもたらしている。

漢数字と単位

0	零	10 の 8 乗	億	（オク）
1	壱	10 の 12 乗	兆	（チョウ）
2	弐	10 の 16 乗	京	（ケイ）
3	参	10 の 20 乗	垓	（ガイ）
4	四	10 の 24 乗	杼	（ジョ）
5	五	10 の 28 乗	穣	（ジョウ）
6	六	10 の 32 乗	溝	（コウ）
7	七	10 の 36 乗	澗	（カン）
8	八	10 の 40 乗	正	（セイ）
9	九	10 の 44 乗	載	（サイ）
10	拾	10 の 48 乗	極	（ゴク）
10 の 2 乗	百	10 の 52 乗	恒河沙	（ゴウカシャ）
10 の 3 乗	千	10 の 56 乗	阿僧祇	（アソウギ）
10 の 4 乗	万	10 の 60 乗	那由他	（ナユタ）
10 の 5 乗	拾万	10 の 64 乗	不可思議	（フカシギ）
10 の 6 乗	百万	10 の 68 乗	無量	（ムリョウ）
10 の 7 乗	千万	10 の 72 乗	大数	（タイスウ）

◎ 次のテーマについて、グループで話し合ってみましょう

1. **アナログ量とデジタル量の違い**：アナログ量とデジタル量の基本的な違いについて、日常生活での具体例を考える
2. **2進数と10進数の違い**：2進数と10進数の違いや、それぞれの利点と欠点について
3. **デジタル時計とアナログ時計の比較**：デジタル時計とアナログ時計の違い、使い勝手、精度など
4. **デジタルデータの表現方法**：デジタルデータの表現方法（2進数、8進数、16進数）について、それぞれの特徴や用途を議論する
5. **デジタル画像と音声データの扱い**：デジタル画像や音声データの扱い方、圧縮技術の重要性について

▶ chapter ▶ title

05 コンピュータ・システム

　システムとは「ある目的に沿って、単独な機能を持つ複数の要素が有機的に結合され、全体として高度な機能を発揮するように構成されたもの」と定義される。この定義に従うとコンピュータ・システム（単にコンピュータと呼び表している）の当初の目的は「計算という情報処理を行うために構成された装置」であるということになる。

　今日のコンピュータの「目的」は計算処理のみならず、事務処理や画像や音声、映像などにまでその応用分野が広がってきている。近年、スマートフォンのようにコンピュータと通信機能が組み合わさることにより、いつでもどこでも、インターネットに接続でき、音楽や動画が再生できる超小型のコンピュータ・システムが誕生した。

　電子的な機械装置として作られたコンピュータは「装置としてのコンピュータ」と「働きとしてのコンピュータ」という2つの側面がある。コンピュータ・システムでは、「装置としてのコンピュータ」と「働きとしてのコンピュータ」があたかも車の両輪の如くに働いている。

　「装置としてのコンピュータ」を**ハードウェア**（H/W）という。これは物理的な装置で「硬い」という印象から呼ばれるものである。この「硬い」に対し論理的機構である「働きとしてのコンピュータ」を**ソフトウェア**（S/W）と呼ぶ。

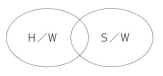

【図 5-1】広義の S/W

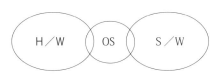

【図 5-2】OS と狭義の S/W

chapter5 コンピュータ・システム

ソフトウェアはコンピュータの管理や使いやすい利用環境などを提供するコンピュータのハードウェアに近いところに位置する部分と、利用者の情報処理形態に深く依存する部分とに分けて考えると、前者は「オペレーティング・システムOS」であり、後者は「狭義のソフトウェア」である。一般には「狭義のソフトウェア」を単に「ソフトウェア」と言い習わしている。オペレーティングシステム（OS）と「狭義のソフトウェア」は「広義のソフトウェア」の構成要素である。

5-1 ハードウェア

コンピュータにおける情報処理の仕組みは人間に似ている。例えばりんごを見たとき、目から映像のデータが入力される（視覚）。また、鼻から良い香り（臭覚）が入力され、手で触ること（触角）によって大きさや硬さなどが入力される。これらのデータを基に人間は「おいしそう」と感じるのであるが、脳の中では過去に入力されたデータ（記憶データ）と入力されたデータを比較演算することによって「おいしそう」という情報を得るのである。この情報を他人に伝えるため口を使って言葉として出力したり、また、手を動かして日記など紙に記録する場合もあるだろう。

コンピュータでは目や手などと同様に、キーボードやマウス、デジタルカメラなどから映像が入力されたりする。この入力装置から入力されたデータは、メモリと呼ばれる記憶装置に記憶される。

コンピュータの脳をCPU（中央演算装置）にたとえれば、データを比較、判断、計算を行う演算装置や、口や手を動かすような制御装置があり、データの流れも統制する。また口や手はディスプレイやプリンタのような出力装置の役目をする。

このように情報処理を行うためには、入力、記憶、演算、出力および制御という5つの機能が必要となる。これら機能をコンピュータの五大機能という。

```
入力機能を持つ装置………入力装置
出力機能を持つ装置………出力装置
記憶機能を持つ装置………記憶装置
    ＜主記憶装置、補助記憶装置＞
演算機能を持つ装置………演算装置
制御機能を持つ装置………制御装置
```

中央演算処理装置（CPU）

コンピュータというハードウェア（H/W）はこうした5つの機能を持った装置から構成される。なお、今日のコンピュータは通信機能を持つのが普通であるが、これはコンピュータの持つ基本的な5つの機能に追加された機能である。

制御機能、演算機能は中央処理装置（CPU）に機能が集約されている。しかし広義のCPUの定義では記憶装置を含めることがある。

図5-3はコンピュータの5つの機能について制御機能を中心にした機能図である。

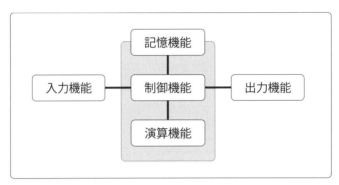

【図5-3】コンピュータの機能図

5-1-1　CPU（Central Processing Unit）中央演算装置

CPUはコンピュータの中で頭脳として働き、周辺機器の制御やデータの計算、加工を行う中枢部分である。記憶装置に記憶されているプログラムの命令を順番に呼び出して実行する。このように記憶されたプログラムを逐次実行するコンピュータを、**ノイマン型コンピュータ**という。

現在のCPUには演算機能だけでなく、キャッシュメモリーなどもチップの上に集積されている。1回に処理できる基本データのビット数によって8bit、16bit、32bit、64bitCPUなどがある。また、1秒間の基本演算回数を**クロック周波数**（単位Hz）といい、クロック周波数が高いほど高速ということになる。2GHzのCPUでは、1秒間に20億回の演算を行う。

また、1つのチップ上にCPUを2つ形成したデュアルコア（Dual-Core）や4つ形成したクワッドコア（Quad Core）等があり、並列演算を行うことで、高速な演算ができる。また、CPUは発熱が大きく、高速演算にはCPUの冷却が必要である。

【図 5-4】CPU（前 Intel Pentium Ⅲ , 後 Intel Pentium Ⅱ
高熱になるため放熱板がついている）

5-1-2　記憶装置（Memory）

コンピュータには、CPU が直接に書き込んだり読み出したりできる**主記憶装置**（Main Memory）と、主記憶装置を補助する大記憶容量の**補助記憶装置**（Auxiliary storage）がある。さらにコンピュータの外部にデータを記憶保持する多様な外部記憶装置がある。

（1）主記憶装置（Main Memory Unit）

今日のコンピュータの主記憶装置は、集積回路技術を用いた IC メモリが採用されている。主記憶メモリとして、ダイナミック・ランダム・アクセス・メモリ（DRAM）が用いられている。また、より高速なスタティック RAM（SRAM）がデータを一時的に記憶するキャッシュメモリーとして利用されている。これらの IC メモリは電源が切れるとデータが消えてしまう為に、電源を切る前に主記憶装置上のデータを補助記憶装置に移して保持する必要がある。

【図 5-5】メモリボード

（2）補助記憶装置（Auxiliary storage）

主記憶装置に対する補助記憶装置として、**ハードディスクドライブ**（Hard disk drive：HDD）や**ソリッド　ステート　ドライブ**（Solid state drive: SSD）がある。HDDは固定ディスクともいわれ、大容量のデータを記憶することができる磁気記憶媒体である。また、SSDは、メモリを記憶媒体とした補助記憶装置であり、駆動部分が無いため、モバイルパソコンやタブレットなどに利用されている。

ここで、HDDの内部を簡単に説明する。記録媒体は、ガラスやアルミニウムの固いディスク（Hard Disk）に磁性体を塗布したものである。アームの先端に取り付けられた磁気ヘッドによって、ディスク表面に微少な磁性体の磁気の方向を変化させることができる。この変化によってデータが記録される。また、記録されたデータは、磁気ヘッドの微弱な電流の変化より情報を読み取ることが可能である。

射状のラインで挟まれたセクタと呼ばれる領域に分割され、セクタ単位で読み書きされる。また、**FAT**（File Allocation Tables）と呼ばれる領域には、ファイル名やフォルダ名、さらにデータの記憶されているセクタの情報を持たせている。ファイル名を入力するアームが移動し、指定されたセクタの情報が読み込まれる。データが読み出されるまでにディスクの回転数が安定する時間と、アームが指定されたセクタまで移動する時間がHDDの**アクセス時間**である。メモリを使ったSSDの場合、機械的な移動が一切無いので、アクセス時間が短く非常に高速となる。

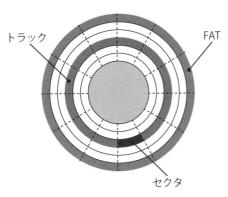

【図5-6】ハードディスクの表面

【図5-7】ハードディスク内部

（3）外部記憶装置

補助記憶装置として、HDDやSSDを説明したが、従来のコンピュータでは、フロッピーディスク（FD：Floppy Disk）、光磁気ディスク（MO：Magneto Optical Disk）、ZIPドライブ等、様々な媒体があった。これらは、比較的柔らかなディスク上に記録したことからソフトディスクと呼ばれたこともある。現在は記憶容量が低いため、ほとんど使われていない。

❶ HDD：パーソナルコンピュータの外付け記憶装置として、テラバイトを超える記憶容量のHDDがある。動画や高画質の映像を保存する機会が増え、HDDは、大容量化に向かっている。また、ディスクが2.5inchのポータブルHDDは、USBポートより電源を供給されるモデルもあり、持ち運ぶことの出来る大容量の記録媒体として広く使われている。

【図5-8】外付けHDとポータブルHD

❷ FD：約3.5inch（1inch＝約2.54cm）のフィルム状の円盤に磁気媒体を塗布したもので、HDと記憶方式はほぼ同じである。かつては8inchや5inch型もあった。3.5inch型の2DD形式では約720Kb、2HD形式では約1.44Kbの記憶能力を持っている。安価であるが低速で記憶容量も大きくないため、新しい大容量記憶媒体の普及によりほとんど使われなくなってしまった。

【図 5-9】3.5inchFD と内部のディスク　　　　　【図 5-10】MO

❸ MO：光磁気ディスク（Magneto Optical Disk）は光と磁性体の性質を利用する記憶媒体である。FD より大容量で高速であることから、FD に代わる記憶媒体として利用されてきた。

❹ ZIP ドライブ：3.5inch という FD と同じ大きさのリムーバブル磁気ディスクである。250Mb、750Mb などの種類がある。

❺ CD（Compact Disk）：樹脂製のディスクの表面の凹凸を利用してデータの読み書きができる媒体である。容量は約 700MB で、読み取り専用で内容を変更できない。音楽やゲーム、ビジネスソフトなどの配布用として使われている。CD-R（CD Recordable）は一度だけデータを書き込むことができる。記録面に強いレーザ光を照射することにより、結晶を変化させ、データを記録することができる。**CD-RW（CD ReWritable）** はデータを何回も書いたり消したりすることができる。記録面に強いレーザ光を照射することにより、結晶を変化させ、データを記録し、弱いレーザ光でデータを消去する。これを相変化記録方式という。書き換え可能回数は、最大で数万回程度と磁気ディスクと比べ少ない。

❻ DVD（Digital Versatile Disc）：大きさは CD と同じ直径 12 センチの樹脂製の光ディスクメディアである。読み書きの原理は CD とほぼ同じであり、両面記録、2 層記録などが可能である。最大記憶容量は片面 1 層記録で 4.7GB、片面 2 層記録では 8.5GB、両面各 1 層記録で 9.4GB である。読み出し専用の **DVD-ROM**、一度だけ書き込める **DVD-R**、再生可能なまま書き換えのできる **DVD-RW**、FD と使い勝手が同じ **DVD-RAM** の 4 種類がある。DVD は規格制定の過程で、「−」タイプ以外に、「＋」タイプ及び「±」タイプに業界が分裂した。このためにタイプごとにそれに対応した駆動装置が必要になるが、現在のパーソナルコンピュータの DVD 駆動装置はこれら 3 タイプに対応できるものが主流となっており、かつ CD のものも扱える。なおこれら媒体には DVD-R、DVD ＋ R、DVD

±R 等と表示されている。

❼ HD-DVD：CD と同じ 12cm のディスクで、東芝やフィリップス社が提唱し、ハイビジョン映像の記録媒体用として開発したが、Blu-ray Disk に負け撤退した。旧 DVD と同じシステムを使って大容量 1 層 15GB、2 層 30GB のディスクに記録再生できることが特徴であった。

❽ Blu-ray Disk：パナソニックやソニーが推奨するハイビジョン映像の方式であり、CD と同じ 12cm のディスクである。青紫色のレーザを用い従来の 5 倍以上の片面約 25GB のデータを保存可能である。現在，地上波や BS のデジタルハイビジョン放送の録画用に利用されており、ハードディスクとともにハイビジョン録画装置としてシェアを延ばしている。

> ※ HD-DVD と Blu-ray Disk の分裂は、ビデオテープ時代に起きた VHS——ベータ方式の対立に良く似ている。ビデオテープではビクターやパナソニックが率いる VHS が勝利し、ベータ方式のソニーが敗退した。HD-DVD と Blu-ray Disk では、ソニーとパナソニックの率いる Blu-ray Disk が勝利したのも非常に興味深い。

❾ ストリーマ（DAT）：大容量の HDD のデータをバックアップするための媒体の位置づけである。記録速度は遅いがテープ 1 本で 20GB〜40GB のデータを記録できる。低価格で大容量のデータをバックアップすることが可能であるため、サーバなど定期的なバックアップを必要とする業者等に利用されている。近年は HDD の大容量低価格化や、USB の様に電源を入れたまま接続や切断が可能なデバイスが増えたため、バックアップを HDD に行う場合も増えている。

【図 5-11】フラッシュメモリ
（左から SD カード、スマートメディア、CF カード、XD メモリ）

❿フラッシュメモリ（Flash Memory）：電源を切ってもデータを保持できる書き換え可能な記憶媒体である。デジタルカメラの普及によって各メーカーよりフラッシュメモリを用いたディスクが発売された。**コンパクトフラッシュ**、**SD**（Secure Digital Memory Card）**カード**、**XD カード**、**スマートメディア**、**メモリースティック**、MiniSD や MicroSD などがそれである。現在、SD メモリや MiniSD や MicroSD が主流である。

⓫USB メモリ：Universal Serial Bus というパーソナルコンピュータと、その周辺機器と結ぶデータ伝送路の規格の一つに準拠したフラッシュメモリの一種類である。電源を入れたまま、抜き差しが可能であり、OS に標準でサポートされるデバイスドライバで利用が可能であるため、扱いが容易である。記憶容量は年々増加しており、現在最も普及している補助記憶装置といえよう。

【図 5-12】USB メモリ

5-1-3　入力装置

コンピュータに情報を入力する装置には、様々なものがあり、人がデータを入力したり、温度や距離をセンサで測定し入力される場合もある。入力装置の一部を紹介する。

❶キーボード：コンピュータに直接文字や数字を等のデータを入力することができる。キーボードの文字配列は基本的にはタイプライターのキーと同様に QWERTY 配列であるが、その他にファンクションキー（Function key）や数字を入力するテンキー等がついたものもある。タブレット PC やスマートフォンではソフトウエア上で動くキーボードがあり、一般的な入力方法である。

❷マウス：コンピュータの画面上で位置のデータを入力する装置を、ポインティングデバイス（Pointing Device）という。マウスは画面上の矢印を自由に動かすことができるポインティングデバイスである。ボールを転がす機械式マウスとイ

メージセンサーと光デバイスを組み合わせた光学式マウスがある。光デバイスには、発光ダイオード（LED）、半導体レーザ、青色発光ダイオードなど様々あるが、波長が短くなると解像度が上昇する。

❸トラックボール：マウスと同様なポインティングデバイスである。トラックボールはマウスと違い本体は固定されて動かない。ボールを手で転がすことによって画面上の矢印を移動する。

❹トラックパッド：ノートパソコンのポインティングデバイスとしてトラックパッドが多く採用されている。四角のパッド上に指をスライドさせることによって画面上の矢印などを動かすことができる。静電式と感圧式があるが、現在は静電式が主流である。

❺ジョイスティック：ゲーム機などでよく使われている**ポインティングデバイス**である。また、一部のノート型パソコンに搭載されている。

❻タブレット：スマートフォンやタブレット端末の入力として、非常によく使われている。画面をタッチすることで、マウスの代わりにポインタの移動や選択などを使用することが出来る。特に専用ペンを使用することにより、紙と鉛筆のような基本的な入力が可能となるため、人に近いインターフェースであるといえよう。

❼デジタイザ：CAD などの製図を高精度に入力する装置である。作図された図面よりデータを正確に取り込むことができ、建築関係で利用されている。

❽タッチパネル：銀行の ATM などで利用される画面を押すことにより入力ができるポインティングデバイスである。画面の上にシートがある静電式だけでなく、画面の押した場所を四方向の光センサから読み取る装置もある。ATM など不特定多数の利用する場所でこの方法が利用されていることが多い。

❾イメージスキャナ：画像イメージとしてデータを取り込む装置である。フラットヘッド方式、フィートシーダ方式やハンディ方式等がある。またカメラのフィルムなどを入力するフィルムスキャナもある。スキャナの性能は DPI（dot per inch）と呼ばれる解像度で表される。これはインチ（約 2.5cm）あたり何点のデータとして取り込むかを示す。

❿ OMR（Optical Mark Reader 光学式マーク読み取り装置）：OCR（Optical Character Reader：光学式文字読取装置）と光を用いて入学試験などで用いられている鉛筆で書かれたマークの読み取り装置が OMR である。また文字を文字データとして読み取る装置が OCR である。OCR は文字の認識の難しさからプリプリントされた文字の認識率は高いが、手書き文字は誤認識する場合が多い。

⓫バーコードスキャナ：コンビニエンスストア等で商品に印刷されているバーコードを、光学的に読み取る装置である。その他磁気カードスキャナ、デジタルカメラ、デジタルビデオ、さらにはカメラ付き携帯電話等々と多くの入力装置が日々開発されている。

5-1-4　出力装置

（1）ディスプレイ

文字や絵などの情報をイメージとして出力する装置である。CRT、液晶、点字ディスプレイ等がある。

❶CRT ディスプレイ：Cathode Ray Tube を用いる出力装置で、いわゆるブラウン管方式テレビである。ブラウン管の電子銃から電子を画面の赤や青、緑色の蛍光物質に当て発光させる方式であるが、設置スペースや重量さらには消費電力などが大きいなどという理由によりシェアが急激に縮小した。

❷液晶ディスプレイ：消費電力が少なく、軽量で設置スペースも小さい表示装置である。しかし視野角が狭いという欠点は近年技術革新で解消されるようになった。

❸プラズマディスプレイ（PDP: Plasma Display Panel）：放電による発光を利用した表示装置である。大画面で薄型が可能である。希ガス中の電極に電圧を加えると紫外線が発光し、それぞれ赤青緑の蛍光物質を発光させる。自発光型のディスプレイなので視野角が液晶などに比べ広いが、消費電力が大きいことが欠点である。大型平面テレビの普及によって家庭へのシェアが広がっている。

❹有機 EL ディスプレイ（organic electroluminescence）：有機発光デバイスを利用したディスプレイで、消費電力が小さいことで近年注目されている。携帯電話などの小型画面の液晶として利用されている。

（2）プロジェクタ

プレゼンテーションなど大人数にパソコン画面を見せるときに使われる。CRT方式や液晶方式、DLP 方式などがある。プロジェクタの明るさはルーメン（lumen、記号 lm）で示され、ANSI（American National Standards Institute、米国規格協会）が定めた条件で測定されている。

（3）プリンタ

出力装置として代表的な、紙に印刷出力する装置である。

chapter5 コンピュータ・システム

❶インクジェットプリンタ（Ink Jet Printer）：インクの微粒子を印刷用紙上に吹き付ける方式である。低価格であること、カラー印刷などもできるためによく利用されている。

❷ドットインパクトプリンタ（Dot Impact Printer）：インクリボン上から針状のハンマーを用いてドット（点）として印刷をする。複写用紙を使って複数枚の印刷が可能である。

❸熱転写プリンタ、昇華型プリンタ：ヘッドの熱を印刷用紙に加えることによって印刷する熱転写方式は専用の感熱紙が必要であり、時間経過によって印刷品質が劣化しやすい。インクを染み込ませたリボンのインクを、熱によって昇華させる昇華型プリンタは、色合いの調節が簡単なため写真などの印刷に使用されている。

❹レーザプリンタ（Laser Printer）：静電気を帯電した感光ドラムにトナーと呼ばれる顔料粒子を吸着させ、これを用紙に転写するものである。帯電した感光ドラムのこの方式は、コピー機とほぼ同じである。1ページ分のデータをまとめて受信し印刷するので、ページプリンタとも呼ばれている。多量の枚数を印刷する場合は高速で印刷コストも安いが、消費電力が大きい。

（4）XYプロッタ

　設計図など大きな用紙に印刷する際に良く使われる。ペンがXY方向に移動し文字や線を描画する。ペンをカッターの刃に替えるとカッティングプロッタとなる。

（5）スピーカ

　音声データの出力装置である。コンピュータの音声データはデジタルデータであるので、音源ボードでアナログに変換されスピーカから出力する。

5-1-5　インターフェースと周辺機器

　周辺機器を接続する部分のことをインターフェースと呼んでいる。周辺機器の接続には同じ種類のインターフェースを使う。また、送り側と受け取り側が同じデータ転送速度でなければならない。転送速度は1秒間に何ビットのデータを送ることができるかを表す、bit/second――略して**bps**を単位とする。

　周辺機器の接続は、USBやIEEE1394などが主流であるが、雑音に強いシリアルポートなどが測定機器や制御機器などに現在も利用されている。また、ビデオインターフェースとして、VGA、DVI、HDMIなどがある。

次にいくつかのインターフェースを挙げるが、その他にも IDE（Integrated Drive Electronics）、SCSI（Small Computer System Interface）、IrDA（Infrared Data Association）、PC カードなど多くの種類がある。

（1）シリアルポート（Serial Port, RS-232C、Recommended Standard 232）
　パソコンとモデムやカードリーダなどを接続するインターフェースである。1 本の信号線で 1bit ずつデータを送受信する。9 ピンと 25 ピンのコネクタがあり、通信距離は約 10m 程度である。

（2）パラレルポート（Parallel Port）
　プリンタや ZIP ドライブなどを接続するインターフェースである。複数の信号線を使って同時にデータを送受信する。Centronics Data Computer 社はプリンタに 8bit のデータを転送する規格を開発し、これをセントロニクス仕様と呼んでいる。

（3）USB（Universal Serial Bus）
　コンピュータとキーボード、マウス、プリンタなどを接続するインターフェースとして使われている。転送速度の違いにより、USB1.1（LS: Low Speed）12Mbps、USB1.1（FS: Full Speed）12Mbps、USB2.0（High Speed）480bps、USB3.0（SuperSpeed USB）5Gbps がある。
　USB はコンピュータの電源を入れたまま抜差しが可能なホットスワップ（Hot swapping）に対応している。また、**Plug and Play** に対応しているので周辺機器を接続すると自動的に接続に必要なソフトウェア（デバイスドライバ Device Driver）がインストールされる。USB3.0 のコネクタは、USB2.0 と異なり上位互換となるが、転送速度は下位レベルと同じとなる。
　USB-HUB にはパソコンの電源を使うバスパワー方式と、外部電源を使うパワーバス方式がある。

（4）IEEE1394
　デジタルビデオなどのオーディオ機器やハードディスクを接続するインターフェースである。Apple 社では **FireWire** と呼んでいる。USB 同様ホットスワップや Plug and Play が可能であり、64 台の周辺機器を接続可能である。転送速度は 400Mbps が主流である。コネクタは 4pin と 6pin の 2 種類があり、6pin は電

源を供給可能なバスパワー方式に対応、4pin は対応していない。**FireWire 800** は 800Mbps という高速な転送速度が実現されている。

（5）Bluetooth

Bluetooth は無線通信の規格で、パソコンのワイヤレスマウスや携帯電話のハンズフリーなど周辺機器のインターフェースとして用いられている。2.4GHz の周波数を使い、10m から 100m 程度の距離を最大 3Mbps で通信する方法である。Bluetooth は電波の出力によって分類されており、Class1 では電波の出力は 100mW で約 100m の通信が可能となり、Class3 では 1mW で約 1m の距離で通信ができる。Class4 は省電力化された規格である。

（6）VGA（Video Graphics Array）端子

ビデオ信号を送るケーブル規格で、ミニ D-Sub 15 ピン、またはアナログ RGB と呼ばれる。コンピュータのビデオ出力端子とモニタを接続する端子である。VGA は IBM コンピュータのグラフィックボードとモニタを接続する規格として用いられてきたことから、640 × 480 ピクセルの画像解像度を示すこともある。

（7）DVI（Digital Visual Interface）

デジタルビデオ信号を送るケーブル規格である。HDMI と一部同じ信号が使われている。映像のみで、音声の信号は送られない。

（8）HDMI（High-Definition Multimedia Interface）

高精度マルチメディアインターフェースの略で、デジタル画像と音声を一本の線で送る規格である。パソコンとモニタ間だけでなく、ハイビジョンテレビと DVD プレイヤーなどにも接続が可能である。

【図 5-13】HDMI コネクターと Mini-HDMI, Micro-HDMI 変換コネクター

（9）Thunderbolt（サンダーボルト）

インテルとアップルの共同で開発された、周辺機器を接続する高速入出力インターフェースである。転送速度は Thunderbolt が 10Gbps、Thunderbolt2 は 20Gbps と非常に高速である。写真はビデオ出力端子であるが、ビデオキャプチャやハードディスクなど様々な周辺機器が発売されている。

【図 5-14】Thunderbolt

5-2　ソフトウェア

ソフトウェアを基本ソフトウェア、ミドルウェア、応用ソフトウェア等に分類することがある。OS はコンピュータを制御する最も基本的なプログラムである。また応用プログラムを作成するための言語処理プログラムも、基本プログラムの一種として OS に近い扱いをされることがある。ミドルウェアは OS と応用ソフトウェアの中間的な性格を持ち、OS に組み込まれる場合もある。応用ソフトウェアは具体的な仕事をコンピュータで行うための利用者プログラムである。

5-2-1　OS

OS とはオペレーティングシステム（Operating System）の略であるが、正しくは Operating system Program で、コンピュータが動くための最も基本的なプログラムであり、コンピュータが情報処理を円滑に遂行する環境を提供するという役割を担っている。パーソナルコンピュータが広く使われるようになったが、そのためには誰もが容易に利用できる操作性、利便性を備えた OS が求められる。

コンピュータの第 1 世代におけるこうした機能は、モニタに表示するという簡

chapter5　コンピュータ・システム

単なものであった。第2世代でも今日ほど複雑な OS は開発されていなかったが、コンピュータのハードウェア能力の向上およびコンピュータ利用形態の多様化に伴い、能力を持つ OS の整備という問題が重要な課題となった。

1964 年に IBM 社は、集積回路を回路素子としたコンピュータ **IBM/360** を発表した。コンピュータの第3世代の始まりである。この IBM/360 コンピュータ用に「IBM Operating System Program/360」が開発された。ここから OS という用語が生まれた。以後、開発される各社のコンピュータもこれに倣い、OS という用語がコンピュータの世界で定着した。

OS はコンピュータの発達とともに進化し、コンピュータを管理運営するための様々な機能を持つようになった。その一例として、コンピュータが通信機能を持つようになると、通信を制御する機能が普通になった。

コンピュータは一般的には「汎用コンピュータ」と呼ばれる分野で発達してきた。この汎用コンピュータは開発メーカー独自の設計思想に基づいて作られている。このことはコンピュータの H/W が汎用性を持たないことを意味し、さらにそのコンピュータが持つ OS も汎用性を持たないことを意味する。

しかしどのメーカーのコンピュータでも操作性等が同一であることは、利用者にとって便利である。汎用性の高い OS が期待された。

(1) UNIX（ユニックス）

1968 年に UNIX（ユニックス）と呼ばれる OS が、アメリカの AT&T ベル研究所で開発された。UNIX は時分割システム（TSS）でマルチユーザー／マルチタスクをサポートする。さらにコンピュータ同士の通信といったネットワーク機能を持ち、その安定性に優れていると言われている。

ハードウェアに依存しない C 言語という移植性の高い言語で記述され、ソースコード（Source Code）が解放されている。さらにコンパクトであったことから、多くのコンピュータに移植＜採用＞された。

しかしソースコードが解放されていることから、学術機関やコンピュータメーカーの手により、多くの派生的なクローン UNIX が作られてしまった。このため UNIX 風のシステム体系を持つ OS を、総称的に UNIX と呼んでいる。このクローン UNIX の互換性を確保するため、最低限備えるべき技術仕様が国際標準化機構（ISO）によって POSIX として定められている。

（2）Linux（リナックス）

フィンランド・ヘルシンキ大学の大学院生リーナス・トーバルズ（Linus Torvalds）によって 1991 年に開発された OS である。

UNIX の汎用性、高移植性および公開制という流れを継承する新しいオペレーティングシステムであり、フリーソフトウェアとして公開されている。またインターネットという環境の中で、多くの一般ユーザーからの提案を取り入れながら改良が加えられ発達している**オープン・ソース**の OS である。

UNIX が既存の汎用コンピュータ、ミニコン、さらには Work Station と呼ばれるコンピュータなどで主に使われるのに対し、Linux はパソコンの世界で採用され始めていることから「PC-UNIX」という呼び方をされることがある。

（3）MS-DOS、WINDOWS の世界

現在、非常に多く使用されているパーソナルコンピュータの OS である。IBM 社がパソコンの世界に進出するに当たり、OS の開発を外部に委託することになった。そこで、Micro Soft（MS）社の**ビル・ゲイツ**と**ポール・アレン**が開発した MS-DOS（Disk Operation System program）が採用され、PC-DOS として IMB-PC に搭載された。加えて当時のパソコンにはインテル社の CPU が採用されており、MS-DOS を IBM 以外のメーカーに搭載することは簡単なことであった。この結果、コンピュータ OS は MS-DOS に統一され、MS-DOS 上で動くアプリケーション上のソフトの販売が始まった。

その後 MS 社は新しい OS を「Windows」と名付けて発表し、2013 年には Windows8.1 を発売した。マウスのみで操作可能な OS で、初めてパソコンに触れる人でも使いやすい。Windows 上では、メーカーに寄らずアプリケーションを動かすこと可能である。

（4）MacOS

Apple 社は当初から独自の OS である MacOS を開発し、マッキントッシュ（Mac）と名付けたパソコンに搭載している。発売当初、モトローラ社の CPU を使い、マウス操作だけでも使いやすい **GUI**（**Graphical user interface**）の OS として人気を集めた。その後、Intel 社の CPU を搭載した Mac が発売され、MacOS と Windows 両方の OS を稼働できるパソコンとなった。さらには Mac 版 Microsoft Office の発売、iPhone や iPad の連携によって、より Mac の人気は支えられている。

chapter5　コンピュータ・システム

（5）iOS

Apple 社のモバイルフォーン iPhone や、タブレットの iPad に搭載されている OS である。指を広げたり縮めることで、表示物を拡大、縮小したり、指で次の頁に送ったりと利用者に優しい OS である。また、iTunes という PC 連携ソフトを Mac 版だけでなく、Windows 版にも提供することで、パソコンとの音楽や動画等の連携を楽しむことができる。アプリケーションは、アップルストアを通じてインストールされるので、ウイルス感染等の心配は少ないが、自由にアプリを配布できないというデメリットもある。

（6）Android

Google 社が開発したモバイル端末用の OS である。パソコンとの連携が可能で、iOS のように指のタッチのみで操作可能である。

多くのスマートフォンが Android を利用している。また、アプリケーションは個人で開発が可能であり、簡単に公開ができるため、アプリケーションが豊富となった。

5-2-2　ミドルウェア

多くの応用ソフトウェアで頻繁に共通して利用される機能を、OS の機能に近い形態で用意したプログラムをミドルウェアという。従来は応用ソフトウェアがそうした機能を自分の中に作り込むことが必要であった。

しかし OS に近い位置——ほとんど OS 扱い——におく機能は、どんな応用ソフトウェアでも必ず必要とされるような極めて基本的なものに限られる。このため特定の分野で必要とされる基本的な機能がミドルウェアの形で提供されることが多い。さらにミドルウェアには OS の違いやハードウェアの設計思想の違いによる使い勝手の困難性を解消し、様々なコンピュータで使われる応用ソフトウェアの開発を容易にするという役割を担うものもある。

代表的なミドルウェアとして、データベース管理システム（DBMS）、トランザクション処理機能の提供を目的とする TP モニタ、また分散オブジェクト環境を提供する ORB などがある

5-2-3　言語処理：プログラム言語（Program language）

利用者はデータ処理に最適なプログラム言語を選んでプログラムを書く。この利

用者プログラム（単にプログラムと呼ぶのが通例である）が、OS の制御のもとに
H/W 上で動く。

　プログラムはコンピュータのハードウェア設計に強く依存した機械語等で書かれ
ていた。このため H/W 依存性の機械語などのプログラム作成ツールは、コンピュー
タの利用者層の拡大の障害となっていた。そこで、これに代わる新しいツール＜プ
ログラム言語＞の開発が図られた。

　機械語に近い低水準言語、人間の言葉に近い表現方法を持った高水準言語などと
いう区分の仕方があるが、コンピュータが英語圏を中心に発達してきた経緯から、
いずれのプログラム言語も英語表現に基づいたものになっている。

　こうしたプログラム言語開発の流れは、コンピュータで扱う情報処理分野の拡大
に伴い、例えば動画を扱うアニメを処理するためのプログラム言語といった問題処
理に最適なプログラム言語が模索されてきた。しかし、新しいプログラム言語がす
べて利用され生き残っているわけではない。記述が難しい、コンピュータ環境の変
化に対応できない、というものはいつの間にか消えてしまっている。

（1）アセンブリ言語：Assembly language

　機械語ではコンピュータがそのまま理解できる 0 と 1 で命令を書く。これに対
しアセンブリ言語は、意味を連想させるような英数字を用いた表意記号で命令を書
くように工夫されたプログラム言語である。例えば、「引き算をする」の英語表現
は＜ Subtract ＞であることから、［SUB］を使うなどであった。低水準プログラム
言語と位置づけられ、機械語同様にコンピュータの機種ごとに異なり、汎用性は極
めて低い。

（2）高水準言語：high level language

　FORTRAN、COBOL、C、Pascall 等がこの仲間である。コンピュータ利用者の
増大は、アセンブリ言語のように機種ごとに異なる言語ではなく、各コンピュータ
共通のプログラム言語を要求することになった。こうして開発された人の言葉に近
い表現で書くことのできるプログラム言語を、高水準プログラム言語という。なお
高水準言語もアセンブリ言語も、仕事の処理手続きを順次に記述するという手続き
型言語の仲間である。

❶ FORTRAN（FORmula TRANslator）：1957 年に IBM 社から発表された計算の数
　式（Formula）を、コンピュータの機械語に変換（translate）するという意味を

持つプログラム言語である。最初に開発された高水準言語といえる。今日も多くの利用者によって使われる、科学技術計算用のプログラム言語である。その後FORTRAN は国際的な標準科学計算プログラム言語として制定された。日本でも1977 年に **FORTAN77** として JIS（日本工業規格）で標準化され、その後のコンピュータの環境変化に対応した改訂版が発表されている。FORTRAN は機械語に翻訳（compile）されてから実行に移される、コンパイラー・プログラム言語と呼ばれるものの一つである。Pascal や C 言語などもこの科学技術計算用プログラム言語の仲間である。

❷ COBOL（COmmon Business Oriented Language）：コンピュータの能力が高まり、一般企業の間でもコンピュータを用いた事務処理が求められるようになると、FORTRAN のような科学技術計算用プログラム言語では何かと不都合になる。そこで新たな事務処理用プログラム言語の開発が急がれ、1960 年にアメリカ国防省を中心にした事務用言語の開発が始まった。そして 1965 年に商用プログラム言語として制定されたのが COBOL である。

（3）インタープリター言語：Interpreter
高水準言語がコンピュータの機械語に翻訳（コンパイル：compile）されてから実行されるのに対し、インタープリター（interpreter）が「通訳」と訳されるように、一つ一つの手続きを同時に機械語に変換しながら実行に移すタイプの言語である。
BASIC はパソコンでよく使われるプログラム言語で、インタープリター言語の一つである。

（4）非手続き型言語：non-procedure oriented language
パラメータ型言語として RPG（Report Program Generator）、関数型言語としてLISP、APL さらに論理型言語として PROLOG などが非手続き型言語といわれている。

5-2-4　利用者プログラム
コンピュータによる情報処理は、処理業務ごとに作られたプログラムによって行われる。業務内容に応じて作成されるその業務固有のプログラムを適用業務別プログラムとするなら、多数の利用者の為の、例えば文書の作成や画像処理などといった特定の目的のために設計され用意されているプログラムを、アプリケーションプ

ログラムという。

（1）適用業務別プログラム

利用者プログラムの開発には、その業務がどのように行われているのかという業務分析、それをコンピュータを利用したシステムへ移行するためのシステム設計、さらにどのようなプログラム言語が最適であるか、プログラムのコーディング作業の量はどのくらいになるか、テストランをどのように実行するかといったことまで、実に周到な準備が必要になる。このように適用業務別プログラムの作成には多大な労力を要する。

（2）アプリケーションソフト

適用業務別プログラムがオーダーメイドとするなら、ある特別な目的のために作成され用意されているプログラムは、レディーメイドのプログラムであり、これを「アプリケーションソフト：応用ソフト」と呼ぶ。

パーソナルコンピュータの世界では、このアプリケーションソフトを利用するのが一般的であり、独自にプログラムを開発するという使い方はまれである。

代表的なアプリケーションソフトには、ワープロソフト、表計算ソフト、画像編集ソフト、ゲームソフトなどがある。さらに財務会計ソフト、人事管理ソフトや在庫管理ソフトといったソフトウェアハウスが開発したプログラムもアプリケーションソフトの一種である。

アプリケーションソフトの中でもユーティリティソフトと呼ばれるプログラムは、ファイル圧縮やコンピュータウイルス駆除などを目的としたパーソナルコンピュータの機能や性能、及び操作性を向上させるソフトである。

❶文書処理プログラム：一般にはワープロソフトと呼ばれるもので、アプリケーションソフトの代表的なものである。MS 社の Word がよく知られている。今はほとんど目にすることがなくなったが、かつてはワープロ専用機が数多く開発され販売されていた。このワープロ機はコンピュータそのものであったがなぜかコンピュータとは呼ばれていなかった。西欧ではタイプライターが文書作成機として長い歴史を持っていた。日本や中国ではその文字種の多さ故にタイプライターは物理的に大変な大きさになり、さらに操作が難しく、例えば「和文タイプライター」等といわれるものは専門職である和文タイピストでなければ扱えなかった。コンピュータにおける日本語処理技術の発達は、パソコンによる文書作成プログラム

の利用をもたらし、文書作成が容易になった。英文ワープロソフトの代表的なものは、1979年にアメリカのワードスター社から発表された「Word Star」であった。やがて、日本語ワープロソフトも英文処理機能を持つようになり、さらにMS社のWORDの出現に至って「Word Star」は駆逐された。現在はMS-WordだけでなくgoogleドキュメントやMS-Office365のように、ソフトがインストールされていないパソコンでもインターネット環境下で、ワープロソフトが利用できるようになった。また、Open Office等の無料で利用できるソフトウエアも増えている。iOSには、ワープロ用のファイル作成編集アプリケーションPagesがある。

（2）表計算ソフト

スプレットシートと呼ばれる表形式のシートの所定の位置にデータを入力し、縦方向や横方向の合計や平均等を簡単に求められるように設計されたアプリケーションソフトである。また入力したデータをグラフ表示したり、各種の統計関数等といった多くの機能を備えるようになった。

パソコンの世界では、LOTUS-123、Multiplan等が代表的な表計算ソフトであったが、MS社がOSに表計算ソフトExcelを抱き合わせて販売したことにより、LOTUS-123やMultiplanもWord Starと同様の状況に落ちてしまった。

iOSでは、Numbersが注目されている。

（3）データベース（Data Base）ソフト

データベースは、複数の処理プログラムから共通に利用できるデータの集合である。データの集合を一般にはファイルというが、適用業務ごとに必要なデータファイルを持つというデータ処理形態では、複数の業務間でのデータの重複という問題が発生する。そこで特定の業務プログラムとデータファイルを分離し、データの重複を排除し統合的に管理する事により、データの共用化を図るというのがデータベースの基本思想である。

個々の業務ごとに持つデータファイルは、その適用業務に視点を置くものであることから適用業務指向のデータ編成であるというが、これに対しデータベースはデータ指向のデータ編成であるという。

データベースはその構造からリレーショナル型、シーケンシャル型、ハイアラキ型などに分類される。パソコンでも簡単にデータベース管理が出来るような各種ソ

フトが開発されている。

（4）統合ソフト
　ワープロ機能、表計算機能、データベース機能、グラフ作成機能や通信機能などの複数の機能を、1つにまとめあげた（統合した）アプリケーションソフトをいう。

◎ 次のテーマについて、グループで話し合ってみましょう
///

1. **ハードウェアとソフトウェアの違い**：ハードウェア（物理的な装置）とソフトウェア（論理的機構）の違いと、それぞれの役割について
2. **現代のコンピュータの応用分野**：コンピュータがどのように事務処理、画像、音声、映像などの分野で応用されているか
3. **CPU の役割と進化**：CPU（中央演算装置）の役割と、デュアルコア、クワッドコアと増えるコア数と現在の CPU について議論する
4. **記憶装置の種類と特徴**：主記憶装置と補助記憶装置の違い、HDD と SSD の特徴について
5. **オペレーティングシステムの進化**：UNIX、Linux、Windows、MacOS、iOS、Android などのオペレーティングシステムの歴史と進化について

chapter5　コンピュータ・システム

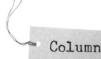

コンピュータ開発の先見性

　化学分析装置NMR（Nuclear Magnetic Resonance）の解説書『NMR DATA PROCESSING』（1996年発行）の中で、1981年に「Newsweek」誌に掲載されたアメリカのコンピュータメーカー DEC（Digital Equipment Corporation）社の広告（下図）について触れられている。ワープロ、教育、橋やビルの設計・建築、農業、医療、科学に携わる多くの人々のイラストは、いかにコンピュータの汎用性が高いかを表しているとし、さらに、1980年初めからコンピュータはあらゆる分野に必要とされ、そして化学分析装置においても、例外ではなかったと強調している（図では右から2人目、アインシュタインに似た男性として登場）。

　もちろん今日ではNMRだけでなく、あらゆる科学計測装置にコンピュータは不可欠な存在となっている。1980年当時は、日本でもようやく個人向けコンピュータが世に出ようとする頃である。このときすでに現在のマーケットを完全に視野に入れた開発が進んでいたことは注目に値する。

JEFFREY C. HOCH, ALAN S. STERN: *NMR DATA PROCESSING*, New York: A JOHN WILEY & SONS,INC.,PUBLICATION, 1996

| ▶ chapter | ▶ title |

06 情報処理システム

　コンピュータの入力、出力、記憶、演算及び制御機能を持つ物理的な装置に、ソフトウェアであるオペレーティングシステムプログラム（OS）を組みこんだものがコンピュータ・システムである。このコンピュータ・システムに、応用ソフトウェアである適用業務システムを乗せたものが情報処理システムである。情報処理システムは、その適用業務の内容、運用の方法やコンピュータの物理的構成等などにより様々な形態をとる。

　今日のコンピュータは CPU の動作速度が非常に高速化し、大容量の内部記憶装置と大規模な補助記憶装置を持つようになった。また通信装置を基本的な機能として持つのが一般的になった。こうした高性能化は計算処理の道具としてのコンピュータの便利さをより実感させる一方で、日常生活の多くの分野における新たな情報処理システムの実現を可能にした。

6-1　データベースの考え方

　大量のデータを整理する方法として、データベースソフトが利用されている。データベースソフトは、データの入力、目的データの検索、注目したい内容だけを抽出するなど、多くのデータを分かりやすい情報に変換できるツールである。

　例えば、図書館の本の整理について考えてみよう。図書には、タイトル、著者名、出版社名、分類、整理番号、ページ数、発行年月日、価格など、検索に必要な項目がある。1冊につき1枚のカードがあり、このカードにタイトルや著者名の項目が記入されているイメージである。図書館のすべての本について、これらの項目のデータを入力し、1つのファイルにするとデータベースが出来上がる。このタイトルや

著者名などの項目のことを**フィールド**と呼び、1冊ずつのデータを**レコード**と呼んでいる。図書館の利用者は、タイトルや著者名で検索し、希望の本の整理番号や分類を確認し、本を見つけ出す。また、分類や発行年月日を限定すると、情報が新しい本のみを検索することも可能である。

　本を検索するだけなら、表計算ソフトでも可能である。しかし、データベースソフトを利用すると、検索だけでなく、データの関係をつなぎ合わせることができる。例えば、図書のデータに貸出情報を追加すると検索した本が貸出中かどうか、確認することができる。貸出者の名簿と貸出した本、貸出した日付のファイルを作成する。先ほどの図書データファイルと貸出し情報ファイルを連携することにより、貸出状況が確認できるだけでなく、貸出期限の情報から返却予定日も見ることができる。このデータは、貸出者にどの本を貸出しているかを確認することもでき、貸出期限の近づいた人たちをピックアップするとこが可能である。このようにデータの関係をつなぐデータベースを、**リレーショナルデータベース**（Relational database）と呼ぶ。

　データベースソフトは、商品の売り上げや在庫管理、宅急便等の荷物管理など様々な分野で利用されている。

6-2　ハードウェアの機能から見た形態

　計算の道具として発達したコンピュータのCPUの動作速度は、世代が交代するごとに1000倍になると一般に言われている。第3世代以降のULSI（Ultra Large Scale Integrated circuit）時代の今日では、その集積技術は高度に発達し、予想以上の高速化を実現している。また、磁気ディスクや光学ディスク等の補助記憶媒体技術は大容量のデータの蓄積を可能とし、ICメモリの採用は大容量の内部記憶機能だけでなく高速な補助記憶機能をも可能にした。

　CPUの高速化は計算処理を主体とした科学技術部門で、例えば、流体力学や気象予測等の分野での精密なシミュレーションを可能にした。このような科学技術部門での情報処理システムは、CPUの機能に大きく依存するもので、これをCPUバウンダリー（CPU依存性の高い）な利用形態であるという場合がある。

　これに対し事務部門での情報処理システムでは、入出力機能への依存性が格段と高い形態が多い。例えば航空機産業での在庫管理などでは、膨大な部品管理のために大容量の記憶装置を必要とし、頻繁にデータの更新という作業が発生する。また、

列車の座席予約などの業務でも大容量の記憶装置が必要で、科学技術計算と比較してCPU機能への依存性は低い。このような情報処理システムはデータの入出力の機能に大きく依存するために、I/Oバウンダリーな形態であるという。また、コンピュータとコンピュータを結ぶコンピュータネットワーク型の情報処理システムは通信機能に大きく依存する。

画像処理のような情報処理システムは、高速な画像処理が不可欠であり、さらに、それらを表示する高画質なディスプレイ装置等の特殊な出力装置が必要な処理形態である。

6-3　処理のタイミングから見た形態

業務のどの時点で処理が必要になるのかという視点から情報処理システムを捉えると、一括処理のことを**バッチ処理形態**（Batch processing）といい、即時処理のことを**リアルタイム処理形態**（Real time processing）という。例えば、給与計算処理は月末に一括処理のされるバッチ処理である。また、みどりの窓口での列車の切符予約はリアルタイム処理である。

しかし、みどりの窓口でのリアルタイム処理も、顧客との情報の交換という部門での処理形態である。列車の座席情報は、当該列車の営業の終了後には、予約業務情報データベースからは削除されることとなる。この作業はバッチ処理形態である。事務部門での情報処理形システムは、ある部分はバッチ処理であり、ある部分はリアルタイム処理という複雑な形態をとるのが普通である。

これに対し科学技術計算処理では、まずある問題を解決するためのプログラムが作成される。このプログラムがコンピュータに乗せられ処理されるのが普通でありバッチ処理が主たる形態となる。

観測機器などとコンピュータを結合した情報処理システムは、コンピュータの高性能化、小型化という流れの中でますます増加してきた。それらはリアルタイム処理形態をとるものが多い。

6-4　商用情報処理システムのいろいろ

今日は情報化社会であると呼ばれるように、社会生活の様々な分野にコンピュータ・システムが入り込んでいる。

chapter6　情報処理システム

6-4-1　受託計算システム

　コンピュータのダウンサイジングは、パソコンを中型コンピュータの能力を凌ぐ
ほどに育て上げ、かつての大型コンピュータはワークステーション（WS）に取っ
てかわられるようになった。

　日本の大学などの研究機関に、コンピュータが導入されるようになったのは、
1960 年代後半の事である。当時の中型の汎用コンピュータの H/W 価格は、大卒
の初任給の 1 万倍以上もしたものであった。コンピュータが高価であった時代は大
学等の研究機関では、高性能コンピュータの導入は困難であった。このため文部省
は大型共同利用計算機センターを全国に数カ所設置し、研究者に割安な利用料金で
解放した。これは公的機関による科学技術計算の受託計算処理システムである。

　スーパー・コンピュータを設置し、リモート端末からアクセスできる商用の受託
計算処理業務等もある。このようなコンピュータ・システムの形態は、集中方式に
よるバッチ処理システムである。

6-4-2　ATM システム

　銀行の窓口業務の機械化システムとして知られるもので、ATM は **Automatic
Teller Machine** を意味し、自動現金預け払い機と訳される。

　ATM 端末機の前に立つと、銀行員と対話する事なく、現金の引き出し、預け入れ、
預金残高の確認、銀行振替、さらには現金の借り出しなどを行う事ができる。取引
銀行の ATM 端末機のみでなく、他行の ATM 端末機を利用する事によっても可能
である。銀行窓口にある **CD（Cash Dispenser：現金支払機）** は、ATM 端末装置の
一形態で、現金の引き出し専用端末機と位置づけられる。

　ATM システムは、顧客の要求に即座に対応するリアルタイム処理が要求される。
このような会話式または対話型と呼ばれるコンピュータ利用形態では、コンピュー
タからの応答時間が問題になる。入力動作から回答が画面に表示されるまでの時間
は数秒以内が目標となる。

　コンピュータを日常的に操作している熟練者に対しては、この応答速度は 2 秒以
内が望ましい。3 秒を超すと非常にコンピュータの動きが遅いというクレームがコ
ンピュータ管理者に寄せられるほどである。しかし ATM システムのような端末装
置では、顧客一人一人の利用頻度は高くないため、レスポンスタイムは比較的遅い
ようである。

　ATM システムでは膨大な量のデータが発生するために、非常に大きな容量を持

つ磁気ディスクが必要である。

　銀行のこれらサービス業務の中断は許されない。不測の事態に対処できる情報処理システムでなければならない。コンピュータパワーの停電等によるストップに対処する無停電装置は欠かせない条件である。コンピュータクラッシュ事故に対して、顧客の情報を安全に保護し保持するために、コンピュータ・システムの二重化、データベースファイルの二重化機構等の措置が必要である。

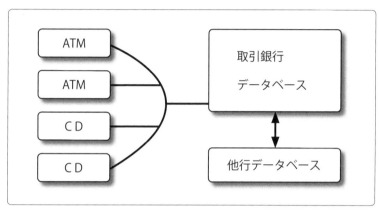

【図6-1】ATMシステム

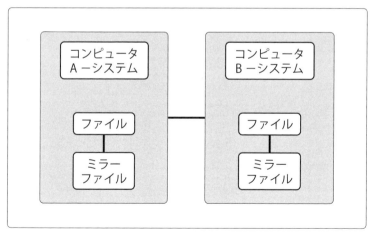

【図6-2】デュープレックス・コンピュータ・システム

6-4-3 POS システム (point of sales system)

販売時点管理システム、または**店頭情報収集システム**などと呼ばれる情報処理システムである。POS システムの端末装置は、コンビニエンスストアの店頭やデパートの売り場などの会計等で日常的に目にする。

POS システムは店頭で販売された商品の情報を、ホストコンピュータにリアルタイムに近い間隔で取り込む。取り込んだデータを即時に処理し、何が売れ筋か、不足しているか等を判断し、タイミングの良い商品の仕入計画が策定できる。コンビニなどでは、支店ごとの販売状況をリアルタイムに把握できる。適切な商品を適切な時間に配送する配送計画の作成に利用するとともに、特に生鮮食料品などの過剰な在庫という問題に対処することが可能となる。

コンビニの店頭では売れた商品の情報のみでなく、いつ売れたかという時間、さらには購入者の性別、年代などといった情報も収集することにより、地域別マーケティング計画の策定に役立てることができる。POS システムにより集められた情報を販売戦略情報に加工する、経営戦略情報処理システムの一つの例である。

情報処理システムでは正しい情報が収集されなければならない。このため間違いなくデータを入力できるバーコードシステムが採用される場合が多い。バーコードは、日本工業規格（JIS B 9550）より規格化されている共通商品コード（商品識別）表示用バーコードシンボルである。

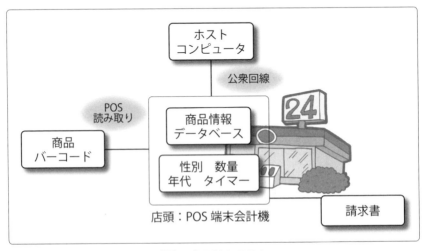

【図 6-3】 POS システム

POS端末のバーコード読取装置でバーコードを読みとり、数量を会計機から入力すると、会計機の持っている商品情報ファイルから商品価格を取り出し、金額、消費税及び合計請求金額を計算し顧客に請求することになる。ここには金額の入力作業はない。バーコード読み取り方式は熟練を販売員に要求しない。

6-4-4　宅配配送システム

　宅配配送システムもPOSシステムの1つである。宅配便の配送では、配送される荷物はネットワークを利用して本部のコンピュータによって一元的に管理されている。

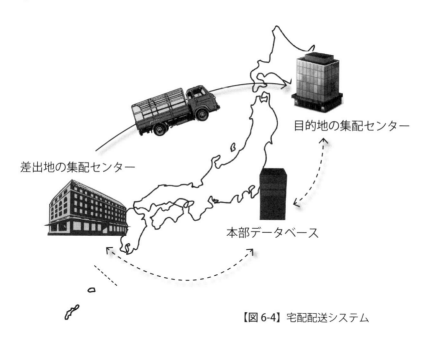

【図6-4】宅配配送システム

　荷物に付ける伝票には個別の伝票番号があり、この伝票番号がバーコードとして印刷されている。宅配の引き取りサービスやコンビニエンスストアに預けた荷物は、配達員がポータブルPOS端末と呼ばれるバーコード読み取りができる端末を使って、伝票番号と行き先、配達時間などを入力し、トラックなどで集配センターへ運ばれる。集配センターでは、ハンディPOS端末のデータをコンピュータに転送することにより、本部のコンピュータのデータベースに荷物の伝票番号や配達先が登

chapter6 情報処理システム

録される。トラックから降ろされた荷物は、自動仕分機によって伝票のバーコードを読み取り、伝票番号から行き先別に仕分けされる。自動仕分機では、荷物の仕分けを行うだけでなく荷物の確認をすることによって、荷物配送センターを通過したことを確認することができる。また、どのトラックに荷物が載せられたのかもデータベースに記録される。

　目的地の配送センターでも、自動仕分機によって配達地域ごとに仕分けと通過の確認がデータベースに登録され、配達員によって各家庭まで配達される。荷物のデータベースは本部のコンピュータで一元的に管理されているため、差出人が荷物の伝票番号を問い合わせることにより、荷物が今どこにあるのかを瞬時に教えてくれる。

6-4-5　交通系 IC カードについて

　交通系 IC カードとは、JR 東日本の「**Suica**」や首都圏のバスや私鉄から始まった「**PASMO**」などの IC カードのことで、タッチするだけで電車やバスに乗車できたり、電子マネーとして支払いができる。「**Kitaca**（JR 北海道）」、「**manaca**（名古屋交通開発機構）」、「**TOICA**（JR 東海）」、「**PiTaPa**（スルッと KANSAI）」、「**ICOCA**（JR 西日本）」、「**はやかけん**（福岡市交通局）」、「**nimoca**（ニモカ）」、「**SUGOCA**（JR 九州）」など全国でサービスがあり、2013 年 3 月より相互利用が可能となった。ちなみに「Suica」とは Super Urban Intelligent Card の略であり、「スイスイ」行ける「IC」「Card」というキャッチフレーズもある。

　改札口では、自動改札機にカードを 10cm 程度近づけるとカードとセンサが無線で通信し、乗車区間や残高、または定期の有効期限等を確認、記録ができる。自動改札機は駅構内 LAN にて接続されており、すべての IC カード情報は ID 管理センタのサーバにデータとして蓄積されている。また、旅券発券システムの **MARS**（Multi Access seat Reservation System）や、自動券売機ともネットワークで接続されており、特急券やグリーン券等の購入も可能である。

　また、携帯電話やスマートフォン等の IC カード機能とアプリを利用して、「モバイル Suica」というサービスもある。カードを持ち歩かなくても良いというメリットだけでなく、ネットバンク等を利用していつでもどこでも入金（チャージ）が可能となる。基本的な機能は SONY が開発した **FeliCa** と呼ばれる非接触 IC カード技術方式である。交通系 IC カードの他、電子マネーの「**Edy カード**」や大学などで学生証として利用されている。

◎ 次のテーマについて、グループで話し合ってみましょう
///

1. **コンピュータ・システムの進化と現代社会への影響**：コンピュータの高速化や大容量記憶装置の発展がどのように日常生活やビジネスに影響を与えているか

2. **データベースの重要性と応用**：図書館の本の整理や商品の売り上げ管理など、データベースソフトの具体的な利用例を通じて、その重要性と応用について考える

3. **ハードウェアの機能と情報処理システムの形態**：CPU の高速化や補助記憶媒体技術の発展が、科学技術部門や事務部門での情報処理システムにどのように影響を与えているか

4. **リアルタイム処理とバッチ処理の違い**：給与計算や列車の切符予約など、具体的な例を通じて、リアルタイム処理とバッチ処理の違いとその利点について考える

5. **商用情報処理システムの多様性**：ATM システムや POS システムなど、商用情報処理システムの具体例を通じて、その機能と重要性について議論する

▶ chapter	▶ title

07 ソフトウェア開発

コンピュータが広く社会で用いられるようになったため、このコンピュータを動作させるソフトウェア開発が重要な課題となった。

7-1　ソフトウェア開発の流れ

利用者プログラム——ソフトウェアを開発する場合、最初に計画した通りの時間や費用で開発することは難しい。実際には納期が遅れたり、費用も見積り以上になることが多かった。また、開発されたソフトウェアが利用者の要求するイメージとは異なることもあった。これらの問題を解決するために、ソフトウェア開発の方法や技術が体系化されるようになった。これが「**ソフトウェア工学**」と呼ばれる学問領域である。ここでは、高品質のソフトウェアを効率よく開発するために、開発の工程（プロセス）をモデル化することが試みられた。ソフトウェアをどのようにして開発するのかということに着目したモデルを「プロセスモデル」、ソフトウェアを開発するのに費用がどのくらいかかるのかということに着目したモデルを「コストモデル」と呼ぶ。

次頁に最も基本的なプロセスモデルの例を示す。このモデルは「**ウォーターフォールモデル：Water Fall Model**」と呼ばれており、ソフトウェア開発の管理がしやすいために、大規模なソフトウェア開発に用いられる。ソフトウェアの開発工程をいくつかの工程に区切り、あたかも川の水が流れていくように、上流工程から下流工程へと順番に進めていく。次の工程に進む際には、その成果を検証（確認）し、文書にして引き継ぐ。なお、もしも何らかのミスが次の工程で発見された場合は、1つ前の工程に戻り、そのミスを修正してから、開発を進めていくことになる。

このモデルでは工程を戻ることは、納期や費用の見直しにつながってしまうので、上流工程のミスを見逃すことは許されず、また利用者の新しい要求に応えにくいという欠点がある。

上流　①要求分析（要求定義）

②外部設計（基本設計）

③内部設計（詳細設計）

④プログラム設計

⑤プログラミング

⑥テスト

下流　⑦運用・保守

7-2　ソフトウェア開発モデル

前述したウォーターフォールモデルの欠点を補うためのモデルがいくつか提案された。

- **成長モデル**：利用者からの要求変更があるごとに、開発工程のサイクル（要求→設計→プログラミング→評価）を繰り返す。柔軟なソフトウェア開発が行える反面、費用の見積りや開発の管理がしにくいという欠点もある。
- **プロトタイプモデル**：ウォーターフォールモデルの上流工程で、プロトタイプ（試作品）を作り、利用者に試用・評価させ、その結果に基づいてプロトタイプを作り直しながら、ソフトウェアを完成させていく。利用者と開発者とのイメージのずれは小さくなるが、利用者と開発者の意見調整がうまくいかないと、逆にコストが増大する。
- **スパイラルモデル**：利用者からの要求をすべて満たすようなソフトウェアを最初から作らず、開発工程のサイクルを繰り返しながら徐々に機能を向上させていき、最終的にソフトウェアを完成させる。開発の初期段階にプロトタイプを作成する

こともあり、各モデル（ウォーターフォールモデル・成長モデル・プロトタイプモデル）の長所を組み合わせたモデルといえる。

7-3　ソフトウェア開発支援ツール

ソフトウェアを開発していく上で必要となるツールをいくつか挙げる。
- **テキストエディタ**（プログラム作成・編集）
- **ワープロ**（文書作成・編集）
- **グループウェア**：グループによる知的創造活動を支援するためのソフトウェアやシステムのことで、ネットワークを利用したファイルの共有、電子メールや電子掲示板、スケジュール共有などがある。
- **CSCW**（**Computer Supported Cooperative Work**）：コンピュータ支援による共同作業。コンピュータ同士を接続したネットワーク環境をベースに、複数の人間が相互にコミュニケーション、情報共有を行って、それぞれの役割を果たすことで共通の目的を達成するための仕組み。
- **CASE**（**Computer Aided Software Engineering**）：コンピュータの利用により、ソフトウェアの開発工程を容易にするアプリケーション開発支援ツールのことで、ソフトウェア開発の多くの部分を自動化することができる。ソフトウェア開発の初期段階で、ある計画や設計などを支援する上流 CASE ツールと、プログラムの作成やテスト、保守などを支援する下流 CASE ツールがある。なお、これらすべての過程に対応するものは統合 CASE ツールと呼ばれる。

7-4　ソフトウェア開発手法

（1）構造化手法
　構造化手法とは、ソフトウェア開発の各工程における処理を小さなモジュール（構成単位）に分割し、それぞれを個々に開発していく方法であり、ウォーターフォールモデルを使用した開発に適している。
　要求分析（要求定義）の工程で用いられる手法は「**構造化分析手法**」と呼ばれ、業務や要求される機能を段階的に分割し、詳細化していく方法である。この時に用いられる DFD（データフローダイアグラム）はデータの流れを示した図であり、データの発生・吸収・処理・蓄積を表す記号を、データの流れを表す矢印でつなぐこと

chapter7　ソフトウェア開発

で作成される。

　同様に、設計工程における構造化の手法は「**構造化設計手法**」と呼ばれ、要求分析の工程で作成された DFD に基づいて、階層構造図を作成する。この図は細分化されたソフトウェア機能の関係（モジュールの構造）を表しており、この図を作成する方法としては STS 分割法や TR 分割法などがよく用いられる。

　プログラミングにおける構造化とは、どのようなプログラムも 3 種類の基本制御構造（順次・選択・繰り返し）で実現できるという「**構造化定理**」に従ってプログラミングすることである。この構造化プログラミングを行えば、他人にも分かりやすく、保守のしやすいプログラムを作成することができる。よく知られる構造化プログラミング言語には、Pascal、C、PL/I などがある。

（2）オブジェクト指向手法

　オブジェクト指向手法では処理手順よりも処理対象に重点を置く。処理すべきデータと、それに対する処理を、一つのまとまり（**オブジェクト**）として管理し、その組み合わせによってソフトウェアを作成する。

　また、この手法はソフトウェア開発の各工程を明確に分割しないため、成長モデルやスパイラルモデルを使用した開発に適している。1990 年代以降、多くの方法論が提案されてきたが、現在は UML（Unified Modeling Language）が急速に広まっている。

　いくつかのオブジェクトに共通する性質（属性・メソッド）によって抽象化したものを**クラス**という。これに対して、その性質を特定したものを**インスタンス**という。インスタンスはオブジェクトと同じ意味で使われることが多いが、どちらかといえば、実際に処理されるデータのことを意味する。

　あるクラスの属性やメソッドに、別の属性やメソッドを付加して、新しいクラスを作成することを考える。この時、元のクラスを上位クラス（スーパークラス）、新しいクラスを下位クラス（サブクラス）と呼ぶ。また、この操作を「**継承**」と呼ぶ。

　オブジェクトの内部構造や動作原理の詳細を知らなくても、属性やメソッドに対する指示（メッセージ）を外部から与えるだけでオブジェクトは動作する。そして多くのオブジェクトが、このメッセージをやり取りしながら、協調して動作することで、システム全体が機能する。

　オブジェクト指向によるソフトウェア開発は、モジュールの独立性が高いため、仕様の変更に対して柔軟に対応できる。また一度、開発されたモジュールを部品化

し、別のソフトウェアの開発に再利用することで開発効率も向上する。代表的なオブジェクト指向言語には、C++、Java、SmallTalk、Eiffel、Objective-C などがある。

7-5　ソフトウェアの信頼性とテスト

（1）ソフトウェアの品質

機能性……要求された機能が実現されているか
　　　　　　処理結果が正しいか

信頼性……不測の障害に対応できるか
　　　　　　復旧能力が高いか

効　率……処理が速いか
　　　　　　ハードウェアなどの資源を無駄にしていないか

保守性……追加や修正に対応できるか
　　　　　　不具合の原因を容易に特定できるか

（2）レビュー

レビューとは、開発内容の確認や反省を行うために、開発の各工程で実施されるミーティングのことで、書類（ドキュメント）のチェックを行う「デザインレビュー」、プログラマや SE など、現場の開発者だけで行う短時間のミーティングを意味する「ウォークスルー」、専門的なレビューの責任者が存在する公式な会議である「インスペクション」がある。特にウォーターフォールモデルでは、上流工程での失敗を見逃すことは致命的な欠陥につながるので、レビューは欠かすことができない。

（3）テスト

ソフトウェアの欠陥の原因にはプログラミングのミス（バグ）や設計段階での失策がある。人間がソフトウェアを開発する限り、テストは必要である。テストの種類には単体テスト（モジュール単体をチェックする）、結合テスト（結合されたモジュールの動作をチェックする）、システムテスト（システム全体のテストで、設計の仕様に合っているかをチェックする）、運用テスト（ユーザが行うテストで、要求した機能が実現されているか、実際に使われる環境の中でのチェック）などがある。

chapter7　ソフトウェア開発

（4）ソフトウェアの信頼性

　信頼性成長曲線とは、テストを実施していく時間を横軸、エラーの累積件数を縦軸にした曲線のことで、この曲線が一定の値に近づけば、エラーがなくなったとみなすことができるので、テストを終了することができる。しかし、エラーの累積件数が増え続ける場合はモジュールの品質が悪く、信頼性の低いソフトウェアと判断され、場合によっては、単体テストのやり直しやモジュールの再作成を検討しなければならない。

（5）保守

　テストを終えたソフトウェアは本格的な稼動を始めるが、実際に運用してみないと分からないバグや不測の事態や障害への対応のために、保守が必要となる。

7-6　UML とは

　UML は Unified Modeling Language（**統一モデリング言語**）の略である。この言語はシステムをモデル化するための表記法について規定したものであり、オブジェクト指向に基づいてシステムを開発する際に用いられる。具体的には、オブジェクト指向開発に必要となるクラス、オブジェクトなどの要素と、それらを表現する図の表記法を定義している。

　オブジェクト指向の考え方がソフトウェア開発に採用される前は、データと処理を別々に分析し、設計するという手法が一般的であった。この手法では、あるデータが複数の処理に用いられたり、ある処理が複数のデータを扱ったりするような場合には、たったデータ項目 1 つの変更の影響が広範囲に及ぶことになる。この問題点を解決するために、データと処理を 1 つにまとめて扱うオブジェクト指向の考え方が注目されるようになり、現在のシステム開発手法の主流となっている。

　オブジェクト指向に基づく開発が進むにつれて、それまでの分析・設計方法の不十分な点が改良されるようになり、多くの方法論が提案された。代表的なものに S・シュレイアーと S・J・メラーによる Shlaer/Mellor 法、G・ブーチによる Booch 法、J・ランボーによる OMT 法、I・ヤコブソンによる OOSE 法がある。しかし、これらの方法論においては、それぞれが独自のモデル表記法を用いていたため、開発者は様々な表記法を覚えなければならなかった。

　そこで、この表記法を統一化しようという動きが始まり、上述した G・ブーチ、

J・ランボー、I・ヤコブソンを中心に開発された UML1.0 が提案された。のちに、この 3 氏は「スリーアミーゴ」と呼ばれるようになった。現在、この UML の標準化は **OMG**（Object Management Group）という非営利団体に引き継がれている。UML の普及に伴い、その適用範囲も拡大されたため、新たに UML2.0 が作成された。2013 年 10 月現在、UML2.4.1 が最新版である。

UML の図は、システムの静的な構造を表現するための**構造図**と、システムの動的な振舞いを表現するための**振舞い図**の 2 つに大きく分けられる。**図 7-1** に UML2.0 で使用される 13 種類の図の分類を示す。

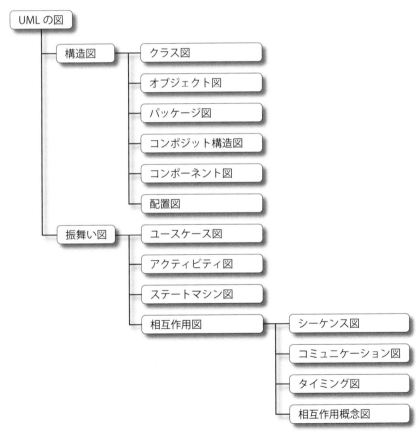

【図 7-1】UML2.0 で用いられる図

(1) クラス図

クラス間にどのような関係があるか、あるクラスがどのような構造になっているかを表現するための図である。図7-2にクラス図の例を示す。

【図7-2】クラス図

(2) オブジェクト図

ある場面（時点）において、オブジェクト間にどのような関連があるかを表現するための図である。また、クラス図の妥当性を検証するためにも用いられる。図7-3にオブジェクト図の例を示す。

【図7-3】オブジェクト図

(3) パッケージ図

クラス、コンポーネント、ユースケースなどのモデル要素をグループ化したものをパッケージという。パッケージとパッケージ間の関係を表現するための図である。図7-4にパッケージ図の例を示す。

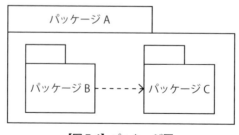

【図7-4】パッケージ図

（4）コンポジット構造図

クラスやコンポーネントなどの要素の内部構造を表現するための図である。**図7-5**にコンポジット構造図の例を示す。

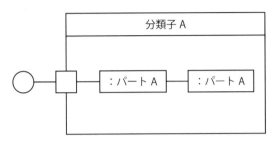

【図7-5】コンポジット構造図

（5）コンポーネント図

コンポーネントの内部構造やコンポーネント間の関係を表現するための図である。**図7-6**にコンポーネント図の例を示す。

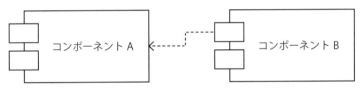

【図7-6】コンポーネント図

（6）配置図

大規模なシステムの場合、複数のハードウェア上にソフトウェアが分散して配置される場合がある。ソフトウェアがどのノードに配置され、他のノードとどのように通信しているかなどを表現するための図である。**図7-7**に配置図の例を示す。

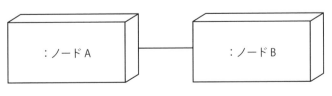

【図7-7】配置図

（7）ユースケース図

そのシステムがどのような機能を持っているのか、どの利用者がどの機能を利用できるのかなどを表現するための図である。**図 7-8** にユースケース図の例を示す。

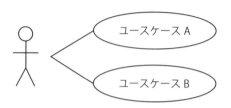

【図 7-8】ユースケース図

（8）アクティビティ図

どのような順番で（複数の）処理が実行されるかを表現するための図である。**図 7-9** にアクティビティ図の例を示す。

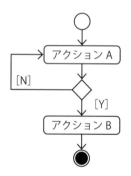

【図 7-9】アクティビティ図

（9）ステートマシン図

クラスやコンポーネントが持つ状態や状態の遷移を表現するための図である。**図 7-10** にステートマシン図の例を示す。

【図 7-10】ステートマシン図

（10）**シーケンス図**
　複数のクラスやオブジェクト間でメッセージのやり取り（相互作用）を時系列に沿って表現するための図である。**図 7-11** にシーケンス図の例を示す。

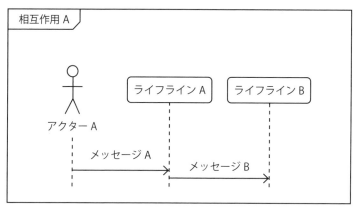

【図 7-11】シーケンス図

（11）**コミュニケーション図**
　クラスやコンポーネントの関連性を相互作用と併せて表現するための図である。クラスやコンポーネントの構造と相互作用の妥当性を同時に検証したい場合に有効である。**図 7-12** にコミュニケーション図の例を示す。

【図 7-12】コミュニケーション図

（12）**タイミング図**
　組み込みシステムなどのリアルタイム性が要求されるシステムの開発に利用され、各要素の状態遷移やメッセージのやり取りなどを表現するための図である。ステートマシン図とシーケンス図の特徴を併せ持つ図である。**図 7-13** にタイミング図の例を示す。

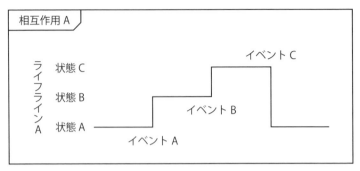

【図 7-13】タイミング図

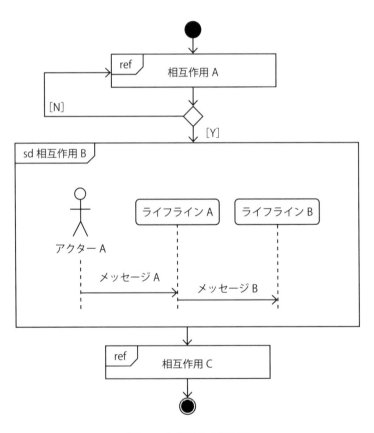

【図 7-14】相互作用概念図

（13）**相互作用概要図**

アクティビティ図と相互作用図の統合によって作成される図である。例えば、全体の処理の流れはアクティビティ図で表現し、個々の処理はシーケンス図を用いて表現する。**図 7-14** に相互作用概要図の例を示す。

◎ 次のテーマについて、グループで話し合ってみましょう
///

1. **ウォーターフォールモデルの利点と欠点**：ウォーターフォールモデルの特徴、利点、そして欠点について
2. **ソフトウェア開発モデルの比較**：成長モデルとプロトタイプモデル、スパイラルモデルの違い、利点、欠点について
3. **ソフトウェア開発手法の比較**：構造化手法とオブジェクト指向手法の違い、利点、欠点について
4. **ソフトウェアの信頼性とテストの重要性**：ソフトウェアの品質、信頼性、テストの重要性について議論する
5. **ソフトウェアの信頼性成長曲線**：信頼性成長曲線とは何か、その重要性について

chapter

7

| ▶ chapter | ▶ title |

08 コンピュータネットワーク世界の広がり

　情報処理システムの形態は、集積回路の高性能化により1台のコンピュータが順番に仕事を処理する方法から、1台のコンピュータのCPU機能を時分割し、複数の端末から同時並列的に仕事を処理する時分割処理形態（TSS：Time Sharing System）に進化した。さらにコンピュータの世界は1台のコンピュータで仕事を処理する形態から、コンピュータ相互の接続へと進んできた。こうして組織の構内等という狭い（Local）物理的な空間でのコンピュータ接続がLAN（Local Area Network）として、さらに物理的に広範囲（Wide）に設置されたコンピュータの相互接続としてWAN（Wide Area Network）が実現した。

　このLAN、WANは特定の企業＜組織＞内のコンピュータの相互接続という意味合いが強いが、一方で電話という公衆通信回線を使った異機種間コンピュータの接続研究も始まり、現在のインターネットの原型ARPANETが1969年に発表された。さらに1970年代には異機種間のコンピュータ接続では欠かせない標準通信規則が開発され、1983年にはTCP/IP（Transmission Control Protocol/Internet Protocol）がARPANETの標準プロトコルとして採用された。1990年代に入ると多数の組織や個人のコンピュータが相互接続するインターネットと呼ばれるコンピュータネットワークが急速に発展し、現在の地球規模のコンピュータネットワークへと拡大することとなった。

　インターネットとは、"international" や "interaction" といった言葉に見られる通り、「相互に」あるいは「〜の間で」を意味する "inter-" とコンピュータネットワークに代表される "network" という2つの言葉からなる造語である。そのためコンピュータとコンピュータを相互に接続するネットワークは、全て広義のインターネットであるということが出来る。これを "internet" と英語の小文字で綴る場

chapter8　コンピュータネットワーク世界の広がり

合がある。しかし、今日われわれがインターネットを呼ぶものは、特定の約束事（プロトコル：TCP/IP）とその仕組み（パケット交換やイーサネット技術など）によって構築されたネットワークを意味し、こうした約束事に従うという意味ではより限定的＜狭義＞のコンピュータネットワークということになるが、これを "The Internet" と英語の大文字で綴る事がある。

8-1　LAN、WAN

　LAN は構内コンピュータ通信網や構内コンピュータネットワーク等と訳されるが、同一敷地内や建物内等という物理的に狭い範囲内でのネットワークとして発達してきた。また当初は比較的に同一機種でのコンピュータ接続という形態が多く、さらに日本では公衆電話回線をコンピュータ接続に利用できないなどという法的な規制もあり、専用ケーブルによる接続が一般的であった。しかし、広領域の WAN が構築されるようになると異機種間のコンピュータの接続、広域であるための公衆通信回線の利用は、データ通信の標準化を避けられない課題とした。このデータ通信の標準化という課題は、1983 年にアメリカで TCP/IP と呼ばれる通信プロトコルが規格化されることで解決されることになるが、通信プロトコル TCP/IP の採用はさらに広範囲な地球規模でのコンピュータ接続形態を生み出した。

8-2　インターネットの歴史

　第 2 次世界大戦終結後のアメリカとソビエトとの冷戦時代に、アメリカの国防総省は先端軍事技術の研究開発を一手に担う高等研究計画局（ARPA：Advanced Research Projects Agency）を 1958 年に設置した。ARPA の対象は情報処理技術や様々な分野にまで及んでいるが、その中に国防省の膨大なデータの危機管理等をはかるべく全米に散らばるコンピュータのネットワーク研究があった。また ARPA とは別に米空軍でも分散型ネットワークシステムとパケット交換技術（Packet Switching Network）等の研究をしていた。1960 年初頭には今日のインターネットでのデータ通信に欠かせないデータを細かいブロックに分けて送るパケット交換技術等の研究が行われていた。

　大学や研究所あるいは軍などでは、複数の研究者たちはいわゆる時分割システム（TSS：Time Sharing System）という形態で 1 台のコンピュータを利用していた。

これらのコンピュータは機種が異なればそのオペレーティング・システムやファイル形式も違い、さらにデータ転送方法もバラバラであった。このために各地に分散しているコンピュータ資源と、コンピュータに関連した様々な情報を共有するためのコンピュータ・ネットワークの仕組みが模索されていた。このように 1960 年代はコンピュータを単なる計算機の概念を超えた、コミュニケーションツールとしての可能性を探し求めていた時代であった。

　こうした時代背景の中で、ARPA におけるコンピュータ・ネットワークの構築計画は 1968 年に始まった。ARPANET 構築計画である。1969 年 9 月に ARPANET に最初の第 1 号機が接続した。ARPANET が誕生した瞬間であり、そして今日のインターネットの始まりである。ARPANET には国防省傘下のコンピュータ以外に、その協力研究グループである 4 つの大学のコンピュータも接続した。そして 1970 年末までにさらに 9 つの大学が接続し、北アメリカ大陸を横断するネットワークが構築された。ここにパケット交換式分散型ネットワークの実効性が証明されたのである。1973 年には ARPA は地球規模のコンピュータ・ネットワーク＜インターネット＞構想を発表した。

　ARPANET がその規模を拡大し始め、多種多様なコンピュータやコンピュータネットワークが ARPANET に接続されていく中で、その当時の ARPANET のプロトコルである NCP（Network Control Protocol）では対応できなくなった。そのため互換性のあるプロトコルの標準化が急がれた。こうして 1983 年に TCP/IP が ARPANET の標準プロトコルとして採用されるに至り、その後 TCP/IP はインターネットの標準プロトコルに制定された。

　ARPANET の拡大の一方で、ARPA と提携関係にない研究機関などは接続が許されないため、1979 年に全米科学財団（NSF：National Science Foundation）を中心に ARPANET との相互乗り入れを目標とした、全米のコンピュータ科学科を擁する大学を結ぶ学術研究用ネットワーク CSNET（Computer Science NETwork）の構築が計画され、1981 年から運用が始まった。

　また同じ 1981 年には ARPANET にも CSNET にも取り残された研究者たちのための BITNET（Because It's There NETwork）の構築が始まった。BITNET はその名が示す通り「そこにネットワークがある」から、軍関係者でもなくコンピュータ科学の専門家でもない一般の研究者たちからのネットワーク利用の要望に応えるものであった。そしてアメリカ国内に止まらず日本やヨーロッパ諸国等の国外の研究機関とも接続し、最終的には 3000 を超す機関が接続した。

chapter8　コンピュータネットワーク世界の広がり

　このCSNETとBITNETは、1989年には、CREN（the Corporation for Research and Education Networking）に統合された。CSNET構築を支えたNSFは、1983年にはCSNETが従量課金制採用により財政的にも自立したことを見届けるとCSNETから手を引く一方で、1985年には全米5ヶ所に前年設置されたスーパー・コンピュータ・センターを相互に高速回線で接続するNSFNET（National Science Foundation NETwork）を構築した。NSFNETは当初56kbpsの帯域の回線で結ばれていたが、1989年には1.5MbpsのT1回線へと増速され、ARPANETとも接続されるに至った。NSFNETに接続するノードが増加するとともにNSFNETは、ネットワークのネットワーク、つまりはバックボーンとしての機能を発揮していった。

　NSFNETの隆盛の一方で、1990年2月にはARPANETは終焉を迎える。既に1983年4月にはARPANETから軍事専用ネットワークMILNET（MILitary NETwork）が分離しており、コンピュータ・ネットワークの研究・実験的な役目は終了していたのである。

　NSFNETの接続規定 (AUP：Acceptable Use Policy) には個人的なビジネス等の営利目的での使用禁止事項があった。しかし1992年に成立した「1992年の科学と先進技術法」はインターネットの商用化に法的な根拠を与えることになった。また当時の副大統領アル・ゴア[1]による情報スーパーハイウェイ構想、さらに、1991年に設立されたCIX（Commercial Internet eXchange association）は、NSFNETの接続規定 (AUP) を回避しつつインターネットの商用利用を加速度的に促進するものであった。このCIXではインターネットへの接続を仲介するインターネット接続業(Internet Service Provider：ISP)が発生することになった。このインターネット接続業者（単にプロバイダーと呼ばれる）の増加に伴い、これまでは一部の専門家に独占されていたインターネットが一般の人々にも開放されるに至った。そして1995年4月にNSFNETはひっそりとサービスを停止した。1995年のNSFNETの民間移管、そしてWindows95の登場は個人によるパソコン経由のインターネット接続を加速させた。

※1　Albert Arnold "Al" Gore. Jr 1948 〜

8-3 回線交換方式とパケット交換方式

従来の固定電話で利用されている電話網は回線交換方式が用いられているのに対し、インターネットではパケット交換方式が用いられている。

8-3-1 回線交換方式による通信

電話網のしくみをモデル化したものが図 8-1 である。電話網では交換機が中継処理を行っている。発信側が相手の電話番号をダイヤルすると、**交換機**は着信側のまでスイッチをつなぎ、一本の回線を結んで信号を送る。このように、発信側が着信側と接続をして通信を行うことをコネクション型通信という。この回線は発信側と受信側で占有される。このため、通信品質は一定値が保証され、通話中に通話が途切れることや雑音が入ることは基本的に無いが、一方で交換機間の回線数を超えるほどの多くのユーザが同時に通信を行うことはできない。

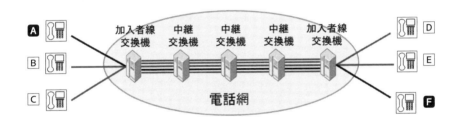

【図 8-1】電話網（回線交換方式）のモデル

8-3-2 パケット交換方式による通信

インターネットに接続したコンピュータ間のデータ交換はパケット通信で行われる。データを分割し相手先の IP アドレスなどを付けて**パケット**（Packet：包み）にして送り出す。

❶ 到着性の保証：パケットが何かの理由でパケット生存時間内に到着しないと、そのパケットはインターネット上から消失する。未到着のパケットは再送信される場合がある。伝送路上に送り出されたパケットは何らかの理由でインターネット上をループすることがある。こうした迷子パケットが増加すると伝送能力は極端に悪くなるためパケットに生存時間を設定し、それらを消去する。

❷データの誤りの検出および訂正：伝送路は電磁波等により影響を受ける。こうした場合はデータに誤りが発生する。パケットの中に誤り検出機能を持たせ、データの誤りが発生した場合の処置が取られなければならない。訂正が可能なら訂正され、訂正が不可能ならばパケットは廃棄される。
❸パケットの順序の保証：伝送路上にパケットを順序に送り出すが、必ずしも送り出した順序で到着するとは限らない。このため受信元ではパケットの順序を正しく並べてから元に戻す。

コンピュータ同士の通信においては、電話網のように必ずしも回線が占有されている必要がなく、コンピュータ同士の通信に適したパケット交換方式が採用された。パケット交換方式はインターネットをはじめとする今日のIPネットワークの基本となっている。パケット交換方式のネットワークの仕組みをモデル化したものが、**図8-2**である。

IPネットワークに送り出される情報はパケット（小包）という単位に分割され、分割されたパケットのヘッダ（荷札）部に宛先（IPアドレス）を付与される。**ルータ**はパケットのヘッダに書かれている宛先を見て、次のルータへ転送する。つまり、回線交換方式のように一本の回線を作り占有することはせず、発信側と着信側の間にはコネクションを作らず情報が交換される。この通信形態をコネクションレス型通信という。また、パケットが通る経路は一定ではないし、宛先の異なるパケットも混在して転送される。

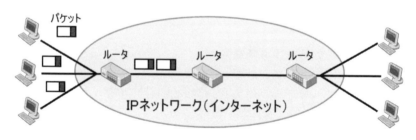

【図8-2】インターネット（パケット交換方式）のモデル

パケット交換方式では、多くのユーザが同時に通信を行うことができる一方、多数のユーザが同時に通信を行った場合、回線速度が変化したり、パケットの到着に

かかる時間が増大したり、パケットが喪失し相手に届かなくなることがある[2]。

8-4　日本のインターネットの黎明

　1984年10月に東京大学・慶応大学・東京工業大学を結んだ研究ネットワークであるJUNET（Japan University NETwork）の設立、そして1988年の産学協同のWIDEプロジェクトを経て、大学等研究機関を中心とするインターネット接続が開始された。

　1985年4月の通信自由化による規制緩和までは、電話回線にコンピュータをつなぐことは原則として許可されていなかったため、インフラの整備を含め諸外国のインターネット環境と比較すると日本は出遅れてしまった。またインターネットが一般に開放されてからも回線利用料金の高さとISPの従量課金制により、利用者の負担は重かった。また、日本では大学等研究機関でインターネットへの接続が研究目的で行われる一方で、一般の人々には1987年にサービスが開始されたニフティサーブに代表される「パソコン通信」と呼ばれるホストコンピュータ接続型のネットワークが1990年半ばまで隆盛を誇っていた。ニフティサーブ以外にもPC-VANや日経MIXなど、いずれも会員制の商用サービスで、利用者は基本的にモデムを利用したダイアル・アップによる電話回線を通じてホストコンピュータに接続し、専用の端末ソフトでメールやフォーラムと呼ばれる会議室、掲示板（BBS）など、各ホストコンピュータ固有のサービスが受けられた。

　しかしWindows95に代表される、インターネットに一般個人が容易に接続できる環境の整備、さらにパソコン通信のホストコンピュータもインターネットに接続されるようになると、各ホスト業者独自仕様のインターフェイスとサービス内容が災いして自然に衰退してしまった。

　インターネットに接続するインフラとしては、研究機関などの多くで利用していた常時接続型の専用線接続と、ダイアル・アップ接続などによる公衆回線を利用した間欠接続とがあった。一般の利用者はISPのサービス利用料金以外にこの回線接続料金も必要であり、アナログ公衆回線とそのデジタル利用であるISDN（Integrated Services Digital Network）で特定時間帯に一定料金で利用できるテレホーダイ等のサービスが登場するまでは負担は重かった。

---

[2]　相手に届かなかったパケットは、必要に応じて8-6-2節で述べるTCPの機能によって、送信元から再度送信される。

現在では ADSL（Asymmetric Digital Subscriber Line）や光ファイバーを利用した FTTH（Fiber To The Home）等、基本的に回線接続料金もインターネット接続サービス提供業者（プロバイダ：ISP：Internet Service Provider）のサービス利用料金も比較的安価に定額で利用できるようになった。

8-5　インターネットの仕組み＜プロトコル＞

コンピュータとコンピュータのネットワークが成立するためには、コンピュータ相互のデータ通信が可能でなければならない。特にインターネットは地球規模のコンピュータ・ネットワークであり、インターネットに接続するコンピュータやネットワーク機器は多種多様である。これらコンピュータやネットワーク機器間をつなぐための通信手順をプロトコル（Protocol）と呼ぶ。

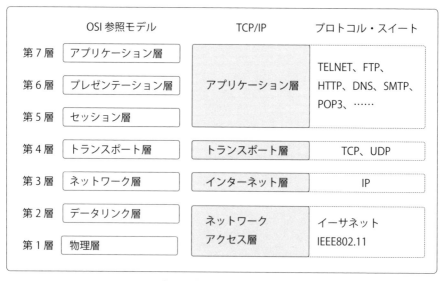

【図 8-3】モデルの階層図

同一機種、同一 OS のコンピュータ同士での接続ではあまり問題とならないが、異機種間接続の場合は、すべてのコンピュータ間で共有される同一仕様のプロトコルが必要となる。この同一仕様とするために国際標準化作業が行われる。インターネットの標準通信手順として現在使用されているプロトコルは、ARPANET で開発

研究され IETF（Internet Engineering Task Force）で標準化されている TCP/IP である。一方、プロトコルの機能階層モデルの国際的標準規格は、ISO で作られた OSI（Open Systems Interconnection）参照モデルがある。この OSI 参照モデルはアメリカ、イギリス、フランス、カナダおよび日本の参加で標準化が進められた。しかし OSI 参照モデルに完全準拠した OSI プロトコルは実装形態としての採用が進まず、TCP/IP が実質的な標準化の座を勝ち取った。とはいえ OSI 参照モデルは国際標準規格であり、またすっきりと機能ごとに整頓されており、研究開発の際の概念的枠組みを提供し、教育という観点からも、インターネットのプロトコルを理解する上では現在でも有効なモデルである。

8-6　インターネットのプロトコル

TCP/IP にしても OSI 参照モデルにしても、インターネットを含むコンピュータネットワークを成立させるための通信手順の大きな枠組みである。その枠組みの中で実際に構築されたネットワーク上でわれわれが日常的に利用する個々のサービスにおいても、当然のことながら共通の通信手順が必要となる。これらを総称してプロトコル群（プロトコル・スイート）と呼ぶ。

8-6-1　アプリケーションプロトコル
（1）電子メール──SMTP および POP3
　電子メールは文字通りインターネットを送受信の媒体とする手紙のやりとりで、メッセージの書き手と読み手とは同時に双方向のやりとりはしない。そのために送信と受信とでそれぞれに異なる通信プロトコルが用意された。
　SMTP（Simple Mail Transfer Protocol）は送信用プロトコルであるのに対して、POP3（Post Office Protocol version 3）は受信用プロトコルである。
　電子メールは手紙のようにポストに投函すれば相手に直接届くというわけではなく、実際には送信元の郵便局たる電子メールサーバを経由して宛先の電子メールサーバに一時的にスプール（保管）される。受け取る側は受信操作を行い電子メールをダウンロードしてくる必要がある。こうした意味では電子メールは手紙というより郵便局の私書箱であるといえる。
　IMAP4：Internet Message Access Protocol version 4 も POP3 と同様の目的のプロトコルとして用いられる。

(2) 遠隔ログイン——TELNET

インターネットを介して遠隔地にあるホスト・コンピュータに直接つながった端末であるかのようにログインして操作するためのプロトコルである。しかしTELNETはパスワード等のログイン情報や通信データが暗号化されておらず、平文でネットワーク上を流れてしまうため、セキュリティに配慮したSSH（Secure SHell）等の暗号化された遠隔操作用プロトコルが実装された。

(3) ファイル転送——FTP

インターネットを介してファイルを転送するためのプロトコルがFTP（File Transfer Protocol）である。

(4) WWW——HTTP

HTML（Hyper Text Markup Language）などで記述されたWebページおよび関連したマルチメディア・データを送受信し閲覧するサービスであるWWW（World Wide Web）で使われるプロトコルがHTTP（Hyper Text Transfer Protocol）である。Internet ExplorerやFireFoxといったブラウザ（閲覧ソフト）は、受信したHTMLの記述に従ってデータの論理的構成やレイアウトを整えて表示するもので、テキストのみならず画像や音声などのマルチメディア・データも取り扱えることから、WWWはインターネットの代名詞とも呼ばれるくらい一般への浸透に際しその立役者となった。

①: スキーム名（http以外にも、ftpやtelnetなどのプロトコル）
②: ホスト名（ドメイン名あるいはIPアドレス）
③: ポート番号
④: htmlファイルなどのリソースまでのパス名

【図8-4】URLの表示形式

ブラウザで Web ページにアクセスする際の、ネットワーク上の住所表記としての URL（Uniform Resource Locator）の表示形式は、**図 8-4** のようになっている。プロトコルに対応するポート番号については、デフォルトのポート番号は省略することができる。また html ファイルなども、サーバ側でデフォルトのインデックスファイル名として登録されているものは、省略することができる。

8-6-2　トランスポートプロトコル

　トランスポートプロトコルの主な役割は、通信の信頼性を確保することである。インターネット（パケット交換方式）では、パケットが必ず宛先に到達するかどうかは保証されておらず、ネットワークの状態によって送信されたパケットが喪失してしまうことがあるため、必要に応じてこれを保証する必要がある。また、ネットワークや端末の状態に応じて、一度に送信するデータ量を必要に応じて調整する。
　インターネットで用いられている主なトランスポートプロトコルとしては、TCP と UDP が存在している。

（1）TCP
　TCP（Transmission Control Protocol）を用いて通信を行うことで、喪失して宛先に届かなかったパケットを、発信元から再度送り直しが行われる。また、ネットワークや端末の状態に応じて一度送信するデータ量を調整する。これによって通信の信頼性を確保する。一般的なウェブサイトの閲覧（HTTP）、メールの送受信（SMTP、POP3）のようなアプリケーションを用いた通信では、トランスポートプロトコルに TCP が用いられることが一般的である。

（2）UDP
　UDP（User Datagram Protocol）は、TCP とは逆に、通信の信頼性を確保する機能を備えていない。その代り、情報量を削減でき、パケットが相手に届くまでにかかる時間を TCP を用いる場合と比べ短縮できる。IP 電話やインターネットでのライブ中継などの通信では、トランスポートプロトコルとして UDP が使われることがある。
　トランスポートプロトコルには通信の信頼性を確保することの他にも、宛先に届けられたパケットをパケットに書かれているポート番号をもとに適切なアプリケーションに届ける役割もある。具体的には、端末には様々なアプリケーションが同時

chapter8　コンピュータネットワーク世界の広がり

に動作しており、どのアプリケーションに処理させるのかを識別する必要があるからである。ポート番号は主要なアプリケーションについては決められており、例えば電子メールで使われる SMTP には 25 番、POP3 には 110 番が割り当てられている。

8-6-3　IP と IP アドレス

コンピュータネットワークでは、手紙や葉書を郵送する時に郵便番号や住所と宛名が必要なのと同様に、個々のコンピュータやネットワーク機器を識別することが必要になる。この個体識別方法のことをアドレッシングという。

コンピュータやネットワーク機器のネットワーク・インターフェースには、物理的なアドレッシングのための識別符号として MAC アドレス（Media Access Control アドレス）が一意に固定的に割り当てられている。しかし分散処理システムとしてのインターネットでは、最適な経路制御のためにネットワークを階層的に管理運用するプロトコルとして IP（Internet Protocol）が用いられる。この IP に基づく個体識別符号として論理的に割り当てられるのが **IP アドレス**である。

ネットワーク上で各ホストを識別するための表記である IP アドレスには、アドレス長その他の内容によりいくつかのバージョンがある。現在の最も一般的な体系は IPv4（IP version4）で、この IPv4 を改良した IPng（IP next generation）として仕様策定された IPv6（IP version6）も既に一部ではあるが利用が開始されている。

（1）IPv4（Internet Protocol version 4）

IPv4 は 32 ビット長のアドレスである。それを 8 ビット（1 オクテット）ずつドット〔.〕で区切り、10 進数として表記される。

例えば 11000000.10101000.00000001.00000001 は、192.168.1.1 と表記される。この 32 ビット長のアドレス空間の大きさは、4,294,967,296 である。

$$2^{32}=2^8 \times 2^8 \times 2^8 \times 2^8=4,294,967,296$$

【表 8-1】クラス別 IP アドレス割り当て表

	固定上位ビット						10 進表記
クラス A	0	ネットワーク部（8bit）		ホスト部（24bit）			1. 0. 0. 0 – 127. 255. 255. 255
クラス B	1	0	ネットワーク部（16bit）		ホスト部（16bit）		128. 0. 0. 0 – 191. 255. 255. 255
クラス C	1	1	0	ネットワーク部（24bit）		ホスト部（8bit）	192. 0. 0. 0 – 223. 255. 255. 255
クラス D	1	1	1	0	Multicast Group ID		224. 0. 0. 0 – 239. 255. 255. 255
クラス E	1	1	1	1	予約済み・実験用		240. 0. 0. 0 – 255. 255. 255. 255

IPv4 規格ではネットワーク機器は理論的に約 43 億弱の識別が可能であることになる。IPv4 ではクラスの概念によって 32 ビット長の上位 4 ビットまでを使ってネットワーク部とホスト部とを決定し、アドレス空間をクラス A ～ E に分けていた。

しかしクラス概念によるアドレス空間の分類には制約が多く、実際に割り当てられる IP アドレスには無駄があるため、より柔軟な運用ができるようにサブネットに分けサブネットマスクによってネットワーク部とホスト部とを識別できるようにした。これを CIDR（Classless Inter-Domain Routing：サイダー）と呼ぶ。この CIDR をさらに拡張してより可変長のサブネットを利用できるようにし、より無駄のないアドレスの割り当てを可能にしたのが、VLSM（Variable Length Subnet Masking）である。とはいえ、IPv4 においては現在の世界の全人口をカバーするだけのアドレスの割り当てが不可能であることは紛れもない事実であり、ごく近い将来 IP アドレスが枯渇する事は明らかである。このためインターネットにつながったコンピュータやネットワーク機器の急増に対応するため、次世代の IP アドレス体系として仕様策定が開始されたのが IPv6 である。

（2）IPv6（Internet Protocol version 6）

IPv6 は IPv4 での反省からいくつかの機能が標準で実装された。その特徴として、アドレスは 128 ビット長であり、サービス品質（QoS：Quality of Service）やセキュリティ（IPsec）、プラグ・アンド・プレイ（Plug and Play）に関する機能が搭載されている。また、ブロードキャストが廃止されるのに替わりマルチキャストが標準化されたことなどが特徴として挙げられる。IPv6 の基本仕様（RFC2460）は 1998 年 12 月に策定され、その後も様々な改良と拡張が行われている。

IPv6 では、アドレス空間が 128 ビットに拡張されたことにより、IPv4 で識別可能であった 4,294,967,296 の 4 乗という天文学的な数となる。

$$2^{128}=2^{32} \times 2^{32} \times 2^{32} \times 2^{32}$$

IPv6 アドレスの表記方法は、128 ビットを 4 ビットごとに 16 進数表記に変換し、16 ビットずつコロン［：］で区切って表記する。例えば、

1111111010000000... 中略（全て 0 とする）...0000000000011110

は

fe80:0000:0000:0000:0000:0000:0000:001e

と表記される。

また 16 ビットが全て 0 の場合は、1 つの 0 に略記でき、また 0 以外の数に先行

chapter8 コンピュータネットワーク世界の広がり

する 0 も省略することができる。つまり（前例の「：0000：」は「：0：」であり、「001e」は「1e」で）、

　　　fe80:0:0:0:0:0:0:1e

と表記できる。

　さらにその略記した :0: も連続した場合［:］と共に省略することができる。従って最終的には、この例では　fe80::1e　と表記することができる。

　携帯電話やインターネット家電といった身近な様々な機器がネットワークに接続されるようになった昨今、今後 IPv6 にアドレスの体系が移行することで受けられる恩恵ははかり知れない。IPv4 から IPv6 への乗り換えは、対応したネットワーク機器の購入や運用にかかるコスト等や、現状のネットワーク環境への影響など様々な要因を検討した上で漸次的に進んでいくことであろう。IPv4 から IPv6 への完全移行を「ネイティブ方式」であるとするなら、しばらくは IPv4 と IPv6 との「共存方式」で移行が行われることになる。

8-6-4　IP アドレスと DNS（Domain Name System）

　IP アドレスは IPv4 では 32 ビット長、IPv6 に至っては 128 ビット長にもなり、利用者がこのアドレスを 2 進数のまま使うには無理がある。そこでより分かり易い英数文字の並びに対応付けるドメイン名を使用し、IP アドレスとホスト名とを対応付けるシステムとして DNS（Domain Name System）が導入された。この DNS によって管理されているホスト名のことをドメイン名と呼ぶ。DNS においては IP アドレスと同様、各ホストをドメインという単位で階層化して管理している。そしてこの DNS のサービスを提供するのが DNS サーバである。DNS サーバ自体は階層構造を持ち、最上位にルート DNS サーバーと呼ばれる DNS サーバーが置かれ、この下にローカル DNS サーバーと呼ばれる DNS サーバーがドメインごと、あるいは組織ごとに配置され、分散して IP アドレスとホスト名との対応付けのサービスを提供している。

　現在のルート DNS サーバーは、アメリカに 10 台、イギリス、スウェーデンおよび日本に各 1 台づつ設置されている。

　電子メールアドレスや Web アクセスの際の URI（Uniform Resource Identifier）より一般的には URL（Uniform Resource Locator）など、現在のインターネットにおいては DNS はなくてはならないサービスとなっている。

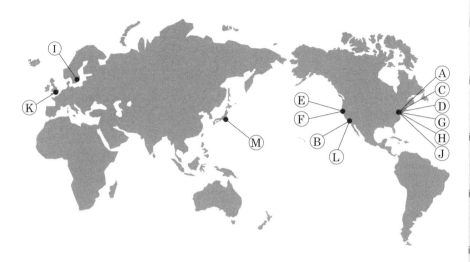

【図 8-5】ルート DNS サーバの設置位置（JPNIC より）

8-7　ドメイン名の構造

　ドメイン名は、所属する組織名、組織識別コードあるいは国識別コードをドット〔.〕で区切ることで階層構造化されており、欧米のファースト・ネーム、ラスト・ネームに倣った形式で、文字列の末尾の識別コードから順にトップ・レベル・ドメイン（TLD：Top Level Domain）、セカンド・レベル・ドメイン、……という構造となっている。

　ドメイン名として利用できる文字は、ハイフン（先頭と末尾を除く）と数字及びアルファベットとなっており、大文字小文字の区別はない。また各レベルのドメインのことを「ラベル」と呼び、各ラベルで利用できる文字数は最大で 63 文字、ドメイン名全体で利用できる文字数は、ドットも含めて 255 文字以下となっている。

　TLD については、分野別トップ・レベル・ドメイン（gTLD：generic Top Level Domain）と国別トップ・レベル・ドメイン（ccTLD：country code Top Level Domain）の 2 種類に大別される。ccTLD については、日本は「JP」、イギリスは「UK」といった具合に ISO（国際標準化機構）の ISO3166 で規定されている 2 文字の国別コードを原則として使用する。しかし、アメリカはインターネット発祥の地であることから、国識別を意識する必要が無かったという歴史的経緯により、「US」と

いう国別ドメイン名は存在するが使われることはない。

　gTLD については、アメリカでは 3 桁の「.com」「.net」「.org」などを使用するが、アメリカ以外の国では 2 桁の「.co」「.ne」「.or」などを使うという原則がある。

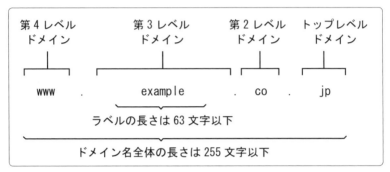

【図 8-6】ドメイン名のレベル図（JPNIC より）

【表 8-2】gTLD の一例

gTLD	用途		アメリカ以外
com	commercial	商業組織用	co
net	net service	ネットワーク用	ne
org	organization	非営利組織用	or
edu	education	教育機関用	ed
acd	academic	高等教育機関	ac
gov	government	政府機関用	go
mil	military	軍事機関用	—

　ccTLD については、日本を例にとると、国別コード以下のセカンド・レベルの種別から、属性型 jp ドメインと地域型 jp ドメイン、そして新たに汎用 jp ドメインの 3 種類に大別される。属性型とは、所謂組織種別のドメインのことで、大学を含む高等研究機関等の ac.jp や株式会社等の会社組織に対する co.jp などがある。地域型とは、正に住所表記に倣った形式で、例えば新宿区の Web ページの URL のように www.city.shinjuku.tokyo.jp といったものである。一方、汎用 jp ドメインは、日本在住の誰もが登録できるもので、属性型や地域型など、従来のカテゴリーに囚われない形でより自由にドメイン名を登録することが可能となった。しかも国

際化ドメイン名（Internationalized Domain Name）という、日本語や中国語、またアラビア語といった所謂2バイト系文字にも対応するようになった。

8-8　IPアドレスとドメインの管理機構

IPアドレスやドメイン名などの管理は特定の国家や団体の利益に偏らず、また中央集権的な統制の仕組みにならないよう誰もが参加できる組織作りがされてきた。しかし当初のその出自とも相俟ってアメリカ政府関連の資金援助の下、非営利団体としてのIANA（Internet Assigned Numbers Authority）を中心とする組織によって管理運営されていた。そしてドメイン名の登録管理が有料化され、また.com等のドメインの登録管理を担当していたNSI（Network Solutions Inc.、現VeriSign社）の収益の増大と新規ドメイン名作成の硬直化などに対する批判の高まりとともに、1998年10月に新たに非営利団体のICANN（The Internet Corporation for Assigned Names and Numbers）が創設され管理運営が移管された。

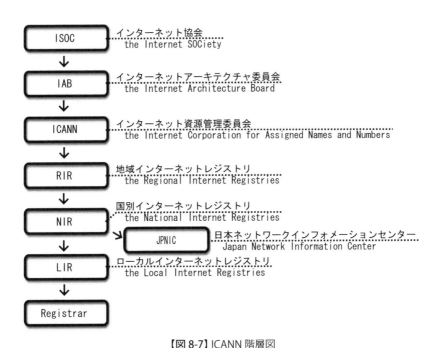

【図8-7】ICANN階層図

chapter8　コンピュータネットワーク世界の広がり

　現在では ICANN の下でレジストリ・レジストラ制度が導入され、地域インターネット・レジストリ以下、ローカル・国別インターネット・レジストリによって管理されている。

　日本においては、JNIC が 1991 年 12 月に発足し、その後 1997 年 3 月に任意団体から社団法人となった JPNIC が、IP アドレス等のネットワーク資源を扱う団体として登録されているが、ドメイン名の登録件数の激増に伴い、2000 年 12 月に株式会社日本レジストリサービス（JPRS：JaPan Registry Service）が設立され、ドメイン名の登録管理業務が JPNIC から移管された。

◎ 次のテーマについて、グループで話し合ってみましょう

/////////////////////////////////////

1. **インターネットの歴史と発展**：インターネットの起源から現在までの進化について
2. **LAN と WAN の違い**：ローカルエリアネットワークと広域エリアネットワークの特徴と用途
3. **TCP/IP プロトコルの重要性**：インターネット通信における TCP/IP の役割とその仕組み
4. **インターネットの商用化とその影響**：インターネットの商用利用がどのように進んだか、その影響は何か
5. **IPv4 と IPv6 の違い**：IP アドレスの進化とその必要性

Column

ドメイン名の命名法

インターネット上の住所とも言えるドメインを管理・調整する非営利団体 ICANN は 2008 年 6 月 26 日、パリで開催していた国際会議で、ドメイン名の命名法について大幅な改正案を承認した。これにより、トップ・レベル・ドメイン（TLD）が自由に設定可能となった。

これまで TLD は「.com」や「.org」といった属性のほか、「.jp」「.uk」といった国別ドメインなどに限られていた。しかし命名規則が緩和されたことから、TLD を自由に申請して使えるようになっている。

例えば都市を表す「.nyc」や「.berlin」といったものから、業種を示す「.bank」や「.travel」、企業ブランドの「.disney」といったドメインの利用が可能である。

| ▶ chapter | ▶ title |

09 ネットワーク社会の通信インフラ設備

　平成20年度版情報通信白書によれば2007年末現在の世界のインターネット利用者は14億6700万人に達し、インターネットの普及率は全世界平均では8.2％となった。日本の利用人口は8811万人で、人口普及率は69％と推計されている。2004年末の7948万人――人口普及率62.3％、2005年末の8259万人――人口普及率66.8％から、利用状態の鈍化が指摘されている。

　日本のBB（Broad Band）全体の契約数は、2013年6月末で6755万件（第3.9世代携帯電話アクセスサービスを含む）である。内訳はFTTHが2429万件で約36％、ADSL等のDSLは516万件で約7％、CATVは604万件で約9％、第3.9世代携帯電話アクセスサービスは2627万件で約39％である。個人のインターネット利用端末は、携帯電話およびスマートフォン等の移動端末などからの利用者が増加傾向にあるのに対し、パソコンからの利用は減少傾向にある。そして移動端末のみの利用者が増加してきたことが報告されている。

　コンピュータとコンピュータを接続するネットワークが構内LANとして構築され始めた当初は、専用接続ケーブルによる接続方式を主として採用していた。インターネットがこうした専用接続ケーブルに依存するものであったなら今日のコンピュータネットワークを基盤とする情報化社会、IT社会は出現していない。コンピュータネットワークが既存の電話網のような公衆通信回線を利用できたことが今日のインターネットの世界を作り上げた大きな要因の一つである。

　こうしたインターネットをいつでも、どこでも、高速に、さらに低価格で利用できる条件として通信回線網の基盤「通信インフラ」の整備が必要となる。通信回線網には携帯電話に代表される移動体通信の無線系と、家庭の固定電話に代表される有線系がある。この有線系のインフラ整備については情報通信白書の報告からもそ

の進展が伺えるが、今後は無線系のインフラ整備がその技術開発の流れの中で進むことが期待される。

9-1 通信ネットワークインフラ

9-1-1 バックボーンネットワーク

バックボーン回線は基幹回線とも呼ばれる。通信事業者間を結ぶ大容量の通信回線であり、ISP内の接続拠点間を結ぶ回線、そしてプロバイダとプロバイダやIX（相互接続ポイント）を結ぶ回線などである。

このバックボーン回線にはNTT等の光ファイバーを使った専用線サービスが用いられている。特に大容量での接続が求められる大手プロバイダとIX[※1]間の接続などの基幹部の接続にはGigabit Ethernetが使われることもある。

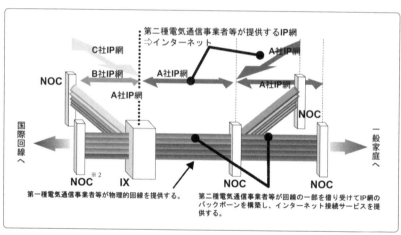

【図9-1】バックボーン回線（総務省H13年度版情報通信白書）

グローバルな日本発の最初の通信回線は1964年に日米間に敷設された国際海底ケーブルTPC-1である。電話回線数は128回線であった。そして1989年に光ファイバーを用いた最初の日米間光海底通信ケーブルTPC-3が敷設された。

※1　IX：Internet eXchange（別名 Exchange Point）
※2　NOC：Network Operations Center

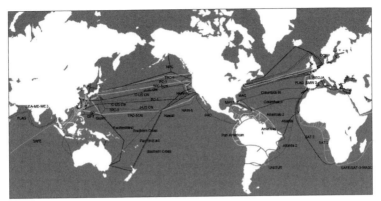

【図9-2】世界の主要光海底ケーブル網
（H13、KDDI 資料より）

【図9-3】日本国内における幹線網
（総務省 H13 年度版情報通信白書）

chapter9　ネットワーク社会の通信インフラ設備

【表 9-1】 日本発の国際海底光ケーブルの敷設状況

名称	伝送容量（bps）	距離（km）	運用開始（年）	陸揚げ地
TPC-3	560M	13,320	1989	米国（ハワイ、グアム）
NPC	420M	30,000	1990	米国（パシフィックシティ、セワード）
H-J-K	560M	4,600	1990	韓国、香港、
TPC-4	1.12G	9,850	1992	米国（ポイントアリーナ）、カナダ（ホートアルバニー）
APC	1.68G	7,500	1993	台湾、香港、マレーシア、シンガポール
C-JFOSC	560M	1,250	1993	中国
R-J-K	1.12G	1,715	1995	ロシア（ナホトカ）、韓国
TPC-5CN	10G	25,000	1996	米国（バンドン、サンルイス、ハワイ、グアム）
APCN	10G	15,000	1997	韓国、台湾、香港、フィリピン、マレーシア、シンガポール、タイ、インドネシア、オーストラリア
FLAG	10G	27,000	1998	韓国、中国、香港、タイ、マレーシア、インド、アラブ首長国連邦、ヨルダン、エジプト、イタリア、スペイン、英国
China-US	80G	30,000	1999	中国、韓国、香港、米国（バンドンなど）
SEA-ME-WE3	40G	38,000	1999	韓国、中国、台湾、香港、マカオ、フィリピン、ブルネイ、ベトナム、シンガポール、マレーシア、インドネシア、オーストラリア、タイ、ミャンマ、スリランカ、インド、パキスタン、アラブ首長国連邦、オマーン、ジブチ、サウジアラビア、エジプト、トルコ、キプロス、ギリシャ、イタリア、モロッコ、ポルトガル、フランス、英国、ベルギー、ドイツ
Japan-US	400G	21,000	2001	米国（ポイント・アリーナ、サンルイス、オビスボ、ハワイ）
PC-1	160G	20,900	2000	米国（ノーマ・ビーチ、トロ・クリーク）

　表 9-1 にみられるように 1989 年に運用を開始した TPC-3 の伝送容量は約 560Mbps であったが、2000 年の PC-1 は約 160Gbps と TPC-3 の約 286 倍の能力を持っている。

　光ファイバーで大量の信号を送信する通信技術として波長分割多重伝送方式：WDM（Wavelength Division Multiplexing）と呼ばれる波長の異なる複数の光信号を合成器によって同時に送り込み、受け手側はこれを分配器で分割するという方

法がある。このWDMによって現在の基幹光ネットワークでは1Tbpsの容量が実用化されているが、さらなる大容量化への技術開発が進められている。こうした新しい技術により2008年には、PC-1もJapan-USも1.28Tbpsに回線容量が増設された。また2010年に4.8Tbpsの日米間光海底ケーブル「Unity」が運用開始となった。

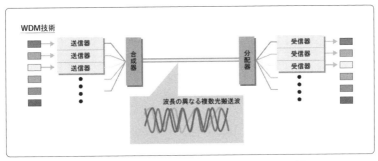

【図9-4】WDM（総務省H13年度版情報通信白書）

2006年9月29日、NTTはフランスで開催中のヨーロッパ光通信国際会議において、1本の光ファイバーで14Tbpsの160キロ長距離伝送実験に成功したと発表した。これは2時間のハイビジョン映像140本分のデータを1秒間で伝送できる性能である。さらに伝送データを増幅する新型の中継器の開発により、1本の光ファイバーで、140チャンネルの信号を同時に送ることに成功しこれまでの世界記録を40％上回ったとした。これにより、10Tbps級の超大容量光ネットワークの実現可能性が示されている。

9-1-2　アクセスネットワーク

アクセス回線とは、自宅からプロバイダまでの経路、すなわち「インターネットに接続するための回線」を指す。インターネットに接続する形態によって、アクセス回線の種類もそれぞれ異なる。

（1）メタル回線
メタル回線はその名前の通り銅線を用いた通信回線であり、一般的には電話回線のことを指す。メタル回線を利用した日本の通信サービス形態には、電話、ISDN（Integrated Services Digital Network）、ADSL（Asymmetric Digital Subscriber

Line）がある。メタル回線は雑音や干渉により長距離、高速な通信には向かない。またADSLはISDNの信号とも干渉が発生し、距離によってはそれほど高速な通信を行うことができない。このためADSLの有効距離は約8km以内であるといわれている。

NTTには主に個人向けとしてINSネット64と呼ばれるISDNサービスがあり、伝送容量は64Kbps（最大128Kbps）である。ADSLでは下り最大50Mbps、上り最大5Mbps程度である。これに対し従来のアナログ電話方式では最大56Kbpsである。

（2）光回線

光回線とは光ファイバーを用いた通信回線である。光ファイバーは、コアとクラッドと呼ばれる2種類の屈折率の異なるファイバーから構成される。両者間をレーザーやLED（Light Emitting Diode）などの光源で発生した光信号を通し、光の反射屈折の原理を利用する。メタル回線のように電磁的ノイズによる影響も受けることがない。1本の光回線の直径は二次保護被膜を含め約1mmである。この光ケーブルによって長距離高速通信が可能となった。最大伝送容量は上り下りとも100Mbpsが一般的である。最近ではこの光回線を用いたサービス（FTTH）が提供され、超高速インターネットアクセスが可能となった。今日では下り最大2Gbps、上り最大1Gbpsを実現するサービスも提供されている。

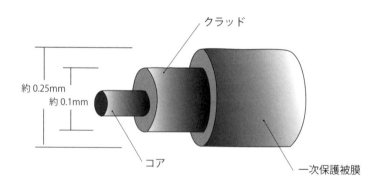

【図9-5】光ケーブルの構造

（3）無線

電波を利用したインターネット接続方式を指し、最も普及しているのが携帯電話、PHS を利用した方式である。これらモバイルネットワークの動向については 9-3 節に述べる。またホテルや駅、喫茶店などでインターネットに接続できる「ホットスポットサービス」も同様の方式の一つである。

9-2　固定電話と市場の変化

ここでの「固定電話」とは、NTT 東日本・西日本の加入電話、直収電話（NTT 東西以外の事業者によるサービス）、IP 電話を示す。

9-2-1　従来型の加入電話

従来からの回線交換方式を用いている、アナログの公衆交換電話網（PSTN: Public Switched Telephone Network）およびデジタル化された電話網である ISDN による固定電話サービスの加入者数は、NTT 東西において減少している。また公衆電話施設数は、携帯電話の急速な普及により減少が続いている。

9-2-2　IP 電話

IP 電話は IP を用いた音声電話サービス（つまりパケット交換方式）であり、技術的には VoIP（Voice over IP）と呼ばれる。従来型加入電話や携帯電話への発信はもちろん可能である。IP 電話サービスは付加される番号体系の違いによって 2 つに大別される。

（1）050 番号を用いる IP 電話（050IP 電話）

050 番号（050 から始まる番号）を用い、インターネット接続サービスの付加サービスとして提供される。基本料金や通話料金が低価格であり、同一もしくは提携プロバイダを利用しているユーザ同士の通話であれば無料であることが多い。しかし、緊急通報（110、119 等）を利用できない、通話品質が従来型の加入電話よりも低い欠点が目立つ。利用数は減少が続いているが、その理由としては、この欠点によるものと、050 番号であることから馴染みにくいことが考えられる。

chapter9　ネットワーク社会の通信インフラ設備

（2）0AB~J番号を用いるIP電話

　従来からの加入電話と同じ0AB~J番号[※3]を用い、加入電話と同等の高品質な通話や緊急通報（110、119等）を利用できる。近年増加が顕著であるデータ用の光回線の付加サービスとして提供され、例えば、NTT東西の「ひかり電話」、KDDIの「auひかり 電話サービス」等が該当する。またケーブルテレビ（CATV）の付加サービスとして提供されるものもある。

9-2-3　通話アプリによるインターネット利用型電話

　近年、PCやスマートフォンにアプリケーションをインストールし、これらを用いた通話の利用者も多くなった。SkypeやLineといったアプリケーションがこれに該当する。従来の電話とは異なり、固定的な契約回線を用意せずとも、アプリケーションをインストールしたPCやスマートフォンがインターネットに接続できる場所・環境であれば、利用できることが最大の利点である。

　本来、従来型の加入電話経由での遠距離通話・国際通話は大変高価であったが、Skype等のアプリケーションを利用することで、無料で通話できることから、多くのユーザが利用することとなった。ユーザの識別は、従来の電話とは異なり"電話番号"を用いるのではなく、IDによって個人を識別する（サービスによっては有料で050番号を得られるものもある）。アプリケーションを利用しているユーザ同士は基本的に無料で通話でき、一般の加入電話等への発信については、有料であることが多い。また、サービスによってはインスタントメッセージおよびファイルの交換を行えるため、電子メールの代わりに利用するユーザも多い。

9-3　モバイルネットワーク（移動体通信網）の進歩

　携帯電話の普及が急速に進み、私たちの生活は大幅に変化した。さらにはスマートフォンの登場により、より高機能になり、いつでもどこでも情報を発信・入手できるようになった。これらの通信を支えているのがモバイルネットワーク（移動体通信網）である。モバイルネットワークは通信速度や技術によって、世代（G: generation）として分けられている（**表9-2**）。

※3　固定電話の電話番号の枠組みである。正確には0ABCDE-FGHJであり（Iは1と間違えるのを避けるため用いない）、これを略して0AB~J番号と呼ばれる。0から始まりABCDEの部分は市外局番・市内局番、FGHJは加入者ごとに割り当てられた番号である。

【表9-2】モバイルネットワークの歴史

	第2世代（2G）		第3世代（3G）			第4世代（4G）
		第2.5世代 （2.5G）		第3.5世代 （3.5G）	第3.9世代 （3.5G）	
時期	1990年代 前半	1990年代 後半	2000年代 前半	2000年代 後半	2010年頃	2015年以降
主な用途	通話	通話、 メール	通話、メール、 インターネッ トアクセス	通話、イン ターネットア クセス、アプ リケーショ ン、マルチメ ディア	インターネッ トアクセス、 アプリケー ション、マル チメディア	インターネッ トアクセス、 アプリケー ション、マル チメディア
理論上の 通信速度 （下り）	9600bps〜 64kbps程度		144kbps〜 384kbps程度	2.4Mbps〜 14Mbps程度	75Mbps〜 326Mbps 程度	4Gbps程度
通信方式 （国内）	PDC方式 cdmaOne方式		W-CDMA CDMA2000	HSPA CDMA2000 1xEV-DO	LTE WiMAX	LTE- Advanced WiMAX2

9-3-1 第1世代　アナログ携帯電話の時代

　第1世代（1G）はアナログ方式の時代と言われている。電話機の形態としては「ショルダーフォン」と呼ばれるものだった。契約をするには保証金として約20万円、加入料として約8万円が必要な時代であった。また、データ通信は利用できず音声通話のみのサービスであった。

9-3-2　第2世代　デジタル携帯電話の時代

　デジタルの時代となったのは1990年代前半の第2世代（2G）からである。アナログ方式からデジタル方式に移行された理由は、音質がよく、盗聴されにくく、音声通話のみならずデータ通信をも行うことができるためである。2Gの規格としては、PDC（Personal Digital Cellular）方式と、GSM（Global System for Mobile Communication）方式が存在していた。欧米諸国がGSM方式を採用し、GSM方式が事実上世界標準となった。しかしながら、日本と韓国のみがPDC方式を採用し、世界から孤立してしまった。

chapter9　ネットワーク社会の通信インフラ設備

後に 1990 年代後半に入り、第 2.5 世代（2.5G）^{※4} と呼ばれる時代となった。この時期では国内では、i モード、EzWeb、Yahoo! ケータイと呼ばれるサービスの一部から、携帯電話からのインターネット接続ができるようになり、携帯電話の利用用途が変貌した。また、カメラ付きの携帯電話機も販売され、電子メールに画像・写真を添付することが可能になった。データ通信の料金形態は、音声通話のように通話時間によって課金されるものではなく、通信データ量（パケット量）によって課金されていた。しかし、当時は現在のような定額制ではなく従量制となっていたため、データ通信の使い過ぎによって高額な料金請求を受けるケースが多く発生した。これは俗に「パケ死」という言葉でマスコミによって報道された。

　一方で、1995 年に PHS（Personal Handy-phone System）のサービスが開始された。PHS では携帯電話とは異なり、専用のネットワークを持たず、固定電話の交換機を用いるため、設置コストを含め大幅に安価であった。また、当時としてはデータ通信速度は携帯電話よりも高速であった。

9-3-3　第 3 世代　高速データ通信の時代

　2000 年代に入り、第 3 世代（3G）と呼ばれる時代となった。この時代では、データ通信においてより大容量の通信をより高速に送受信できるように、つまりデータの高速化がねらいであった。これにより、これまでは音声通話が主で電子メールの送受信等のデータ通信が副次的であったが、写真や音声、音楽、動画をも送受信できるような時代となった。わが国では、NTT ドコモが 2001 年に世界初の 3G サービス「FOMA」を開始した。なお、2G で事実上の世界標準規格とは異なる規格を採用し、世界から孤立してしまっていたが、3G では国際規格 IMT-2000 に準拠することになった。

　2010 年以降になると、Apple 社の iOS を搭載した iPhone や、Google 社の Android を搭載したスマートフォンが急速に普及した。わが国では従来から通信事業者（通信キャリア）が主導で携帯電話を開発・販売・サービスを提供していた。しかし、スマートフォンではアプリケーションは他社が比較的自由に開発でき、ユーザにとっても自由にこれらの導入できるため、通信キャリアにとってはコントロールを従来のように行えなくなった。このため、データ通信のパケット量（トラフィック量）が急増し、通信キャリアの通信ネットワークへの負荷が増大し、アク

※4　国際的に認められた公式な名称ではない。

166　page

セス集中によるサービス停止等のトラブルも多く発生した。

9-3-4　第4世代　超高速データ通信の時代に向けて

第4世代（4G）への移行は、通信事業者の設備を大幅に改修する必要があるため、段階的な移行が行われるようになった。この以降のための時期は第3.9世代（3.9G）と呼ばれ、Long Term Evolution（LTE）が提唱された[5]。従来の3Gにおいては、音声通話は回線交換網、データ通信ではパケット交換網を切り替えて接続する方法をとっていたが、LTEでは音声通話を含めパケット交換網を用いて通信されることになっており、整備が進められている。

一方、高速データ通信サービスとして「モバイルWiMAX（Worldwide Interoperability for Microwave Access）」が提供されている。伝送速度は下り40Mbps、上り10Mbpsである。世代としては3.9Gとして分類される。

今後、第4世代（4G）への移行が進んでいくと考えられる。LTEの後継はLTE-Advancedとよばれており、わが国においては2015年頃にはサービスが開始されると言われている。また、モバイルWiMAXの後継としてWiMAX2が検討されている。さらに、第5世代としてLTE-Bが検討されている。

9-4　ローカルエリアネットワーク（LAN）と近距離無線通信

9-4-1　有線LAN

LANを構成する技術として今日最も一般的なものは「イーサネット：Ethernet」である。規格は、100BASE-TX（伝送速度100Mbps）、Gigabit Ethernetとも呼ばれている1000BASE-T（伝送速度1Gbps）が一般的である。さらには10Gbpsを実現する規格も存在している。ハブ（HUB）を中心としてPCなどの端末を1対1で接続する。接続にはツイストペアケーブル（より対線ケーブル）を用いる。

9-4-2　無線LAN

ケーブルを用いずLANを構成する技術としては、IEEE802.11無線LANが用いられる。主な規格を**表9-3**に示す。一般的には無線アクセスポイントを用意し、これにPCやスマートフォン等の端末を接続して利用する。また次世代規格として

※5　国内外のLTEのサービス名では「4G」と称してサービスが行われている場合がある。

chapter9　ネットワーク社会の通信インフラ設備

IEEE802.11ac 規格が策定中である。

【表 9-3】主な IEEE802.11 無線 LAN の規格

規格	周波数帯	伝送速度
IEEE802.11a	5GHz 帯	54Mbps
IEEE802.11b	2.4GHz 帯	11Mbps
IEEE802.11g	2.4GHz 帯	54Mbps
IEEE802.11n	2.4GHz 帯もしくは 5GHz 帯	300Mbps など

9-4-3　PLC（Power Line Communication: 電力線通信）

PLC では電気のコンセントに通信用のアダプタ（PLC モデム）を設置して PC などをつなぐことにより、数 Mbps ～数百 Mbps のデータ通信が可能となる。電源コードによりネットワークを構築できるため、様々な機器を接続する配線を減らすことができる。現在、わが国における、PLC の利用は屋内に限定されており、有線 LAN や無線 LAN と同様に、LAN を構成する技術の一つとなっている。

9-4-4　近距離無線通信

（1）Bluetooth

10m 以内の近距離を無線で通信するもので、無線 LAN にも利用されている 2.4GHz 帯の電波を用いている。携帯電話・スマートフォンをハンズフリーで通話するためのワイヤレスのヘッドセットや、音楽プレイヤー用のイヤフォン、PC 用のワイヤレスマウス、キーボード等の接続に利用される。Bluetooth で最初に機器を接続する際は、通信相手を特定するための「ペアリング」の動作が必要である。伝送速度は数 Mbps 程度である。

（2）UWB（Ultra Wide Band）

Bluetooth は伝送速度が低いのに対し、UWB は 10m 以下の距離で 100Mbps 以上の通信を行うことを目的としている。伝送速度は数百 Mbps である。

（3）Zigbee

センサーネットワークへの適用が主目的である。安価で消費電力が小さいことが特徴である。

9-5　大規模災害と通信インフラ

　わが国においては、2011年3月11日の東日本大震災をはじめとする大規模災害がしばしば発生している。その際、通信インフラにも甚大な影響が及ぶ。被災地においては物理的被害および停電による停止等による通信インフラの停止が発生する。なお、通信インフラの被害は被災地域にとどまらず、その周辺地域にも及び、電話がつながらない・つながりにくい等の影響が発生する。このような事態はなぜ発生するのだろうか。

　これは、通信キャリアによる**通信規制（コントロール）**によるものである。通信規制の行われ方は通信キャリアによって異なるが、基本的には発信側からの接続を制限する形で行われる。通信規制が必要な理由は以下の通りである。災害発生時には、安否の確認等のために、人々は電話による通話を試みる。しかし、電話のネットワークは回線交換網であるため、接続できる回線数には限界があり、これに達すると、緊急通話等の重要な通信をも受け付けられなくなってしまう。この状態を輻輳と呼ぶ。輻輳の発生を回避するため、通信規制により一般の電話の発信を制限することになる。東日本大震災の発生に伴う通信規制のピーク時の度合いについては、固定電話において、NTT東日本で90%、KDDIで90%、ソフトバンクテレコムで80%、携帯電話においては、KDDIで95%、NTTドコモで90%、ソフトバンクテレコムで70%であったと報告されている[6]。

　従来からの固定電話や携帯電話においては通信規制が行われ、サービスが制限された一方、PCからのインターネット接続は行うことができた。このため「インターネット」を利用した通信が注目を浴びた。インターネット接続を利用して通話を実現するアプリケーションであるSkypeを用いて、アプリケーションを使用している人同士で通話やインスタントメッセージ（テキストのメッセージ）の交換が行えた。メールは送信・受信に普段より時間がかかったものの送受信は可能であったし、Webサービスも利用できた。特に、ソーシャルネットワーキングサービスのFacebookやミニブログのtwitterは新しいメディアとして注目を浴びた。

---

[6] 『日経NETWORK』2011年5月、20-23頁

chapter9 ネットワーク社会の通信インフラ設備

9-6 無線アドホックネットワーク

ポータブルゲーム機において、その場に集まったユーザが一緒にゲームをプレイできるなど、無線基地局を用いない通信方法であるアドホック通信が存在している。これを応用し、通信ネットワークを構築する方法として、無線アドホックネットワークの研究が行われている。

無線アドホックネットワークはもともと軍事目的の研究からスタートし、その後非常時の通信手段として注目された。具体的には、大規模災害の発生に伴う基地局等の通信インフラ不能となった場合に、駆動可能な通信端末のみを用いたネットワークの構築を実現できると期待されている。しかしながら、実用化に至っては技術的、および社会的な面で解決しなければならない課題が数多く残されている。

9-7 クラウドコンピューティング

クラウドコンピューティングという言葉が流行っている。「クラウド（Cloud）」の由来は、インターネットを図に書いて説明する際、「雲」の絵で表現することからきている。そのクラウドの中に、ユーザが使用したいアプリケーション（ソフトウェア）、プラットフォーム、ハードウェアが入っており、ユーザは料金を支払うことにより PC やスマートフォン等のデジタルデバイスを用いてサービスを利用、あるいはこれを使用したサービスを提供することができるものである（**図 9-6**）。

クラウドコンピューティングのサービスは大きく以下の 3 つに分類されることが多い。

（1）SaaS（サース）：Software as a Service
ソフトウェア（アプリケーション）の機能が提供され、ユーザはインターネットを介してこれを利用することができるものである。

従来、われわれが PC を使う際、アプリケーション（ソフトウェア）を購入し、これを PC にインストールして使用していた。これに対して、SaaS 型のサービスを利用することによって、ユーザはあらかじめ利用登録を行い得た ID とパスワードを用いてログインすることにより、様々なアプリケーションを利用することができる。Google 社が提供している Gmail、Google Apps 等のサービスが代表的である。

（2）PaaS（パース）：Platform as a Service

アプリケーションを動作させるための必要な機能（PC でいう OS）が提供される。自身・自社で開発したアプリケーションやコンテンツをアップロードして、動作させることができる。自身・自社でハードウェア・ソフトウェアや通信回線を購入する必要がなく、設備の維持を行う必要がなくなる。Google 社の Google App Engine 等のサービスが代表的である。

（3）IaaS（イアースまたはアイアース）：Infrastructure as a Service

コンピュータの CPU やメモリ、データ等を保管しておくストレージ、OS 等のインフラストラクチャの構成を選択し、利用できる。

コンピュータのハードウェアがレンタルで利用できるイメージである。（2）と同様ハードウェア・ソフトウェアや通信回線を購入する必要がなく、設備の維持を行う必要がなくなる。Amazon 社の Amazon EC2 等のサービスが代表的である。

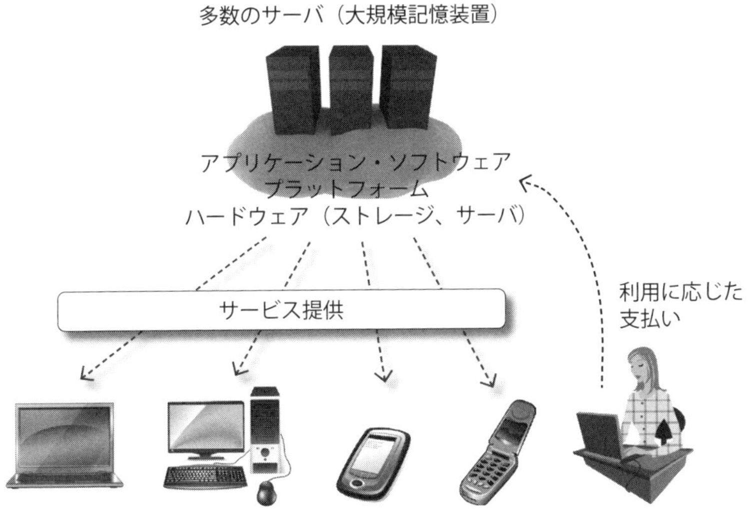

【図 9-6】クラウドコンピューティングのイメージ

chapter9　ネットワーク社会の通信インフラ設備

◉ 次のテーマについて、グループで話し合ってみましょう
//

1. **インターネットの普及とその影響について**：インターネットの普及がどのように社会や経済に影響を与えたか
2. **日本におけるブロードバンドの現状と課題**：日本のブロードバンドインフラの現状と、今後の課題について議論する
3. **通信インフラの整備とその必要性**：通信インフラの整備がなぜ重要なのか
4. **光ファイバー技術の進展とその影響**：光ファイバー技術の進化が通信にどのような影響を与えたか
5. **クラウドコンピューティングの利点と課題**：クラウドコンピューティングの利点と課題について

フリー百科事典「ウィキペディア」

　インターネット環境下で、従来の辞書や百科事典と全く異なる形態の「利用者参加型」の百科事典が「ウィキペディア（Wikipedia）」である。その基本的な考え方を「ウィキペディア」から抜粋してみよう。

ウィキペディアは百科事典
これ以外に目的はありません

　ウィキペディアは GNU Free Documentation License の条件下でライセンスされるフリーな百科事典です。著作権を侵害しているものが置かれてしまうと、誰もが再配布できる本当のフリーの百科事典を創る事が危うくなったり、場合によっては法的責任を問われたりします。

　ウィキペディアの全ての指針の基礎となる五本の柱
1. ウィキペディアは百科事典です。ウィキペディアは、総合百科・専門百科・年鑑の要素を取り入れた百科事典です。……
2. ウィキペディアは中立的な観点に基づきます。これは、どの観点に基づく主張もしないような項目を書くように努力することを意味します。……
3. ウィキペディアの利用はフリーで、誰でも編集が可能です。すべての文章は GNU Free Documentation License (GFDL) の下にライセンスされており、GFDL に従って配布したりリンクすることができます。……
4. ウィキペディアには行動規範があります。他のウィキペディアンと同意できないときにも彼らに敬意を払い礼儀正しくしてください。……
5. ウィキペディアには確固としたルールはありません。……

出典：フリー百科事典『ウィキペディア（Wikipedia）』

▶ chapter	▶ title
10	# インターネットと 情報セキュリティ

　この章では、コンピュータやインターネットの技術的な側面に起因する問題を、主に情報セキュリティマネジメントの観点から取り上げる。

10-1　インターネット利用に潜むセキュリティリスク

10-1-1　インターネットにおける脅威

　インターネットが一般の人々にも開放され、日常的に使われ始めてから久しい。当初は、私たちの日々の生活と比較して匿名性が高く、一般社会とは隔絶した特殊な仮想社会であるかの如く喧伝されてきた。しかし、インターネットの商用利用（オンラインショッピングその他の様々な商業・経済活動）が浸透し、直接・間接を問わず日常生活との連携が当たり前になると、様々な脅威（threat）に遭遇することになる。さらにはインターネットという環境においてのみ生じるような脅威にもさらされることになった。ここでは、インターネット上の脅威について、「どのような脅威」が「誰によってもたらされるのか」について確認していきたい。

10-1-2　脅威の主体

（1）ハッカーとクラッカー

　私たちに脅威をもたらす対象としてまず取り上げるのは、**ハッカー**（hacker）と**クラッカー**（cracker、あるいは kracker）である。「ハッカー」は元々、通常の仕方では思いつかないようなアイデアや気の利いた創意工夫についての言葉「ハック」に始まる。これが電気・電子回路や特にコンピュータに関する詳しい知識と技術を持つ者に対する尊称となった。これに対し「クラッカー」は、ガラスが割れるよう

chapter 10 インターネットと情報セキュリティ

な「カチッ」という擬音と「ハッカー」を掛け合わせ、破壊するという意味合いを強く持たせたものとなっている。そのためクラッカーは「壊し屋（vandals）」とも呼ばれる。

以下、悪意と犯意を以て情報システムに脅威を与える者を「クラッカー」とし、「ハッカー」と区別する。

（2）愉快犯と産業スパイ

結果としてシステムに脅威をもたらすことになる場合でも、相手をちょっと困らせたい、あるいは単に目立ちたいというだけの愉快犯も数多く存在する。しかし問題は、上述のようなクラッカーが明らかな悪意や犯意を以てシステムやサービスを攻撃する場合である。

単なる自己満足を目的とした愉快犯ではなく、そこに金銭的欲求や経済的な意図が行為の目的として含まれるとそれは産業スパイということになる。彼らは相手の知的財産を含むシステムやサービスへの脅威をちらつかせて金銭を要求する。または実際にシステムやサービスに障害を引き起こしたり、機密情報を奪取するなどして、相手とライバル関係にある他者から報酬を得るなどのクラッキングを行う。もちろん報酬を支払うのが私的な団体や企業ではなく国家であるとなれば、国家的な諜報活動、スパイということになるが、次項のサイバーテロリスト同様、その存在と行為が公に認められることはほとんどない。

（3）サイバーテロリスト

コンピュータやインターネットを舞台にして、（個人的な興味関心あるいは金銭・経済的な理由や目的ではなく）文化的、社会的あるいは政治的な背景から引き起こされる攻撃を**サイバーテロ**（Cyber Terrorism）と呼ぶ。その活動を支える者も含め、サイバーテロ活動を行う者がサイバーテロリストだ。金融や情報通信システムといった様々な社会基盤がコンピュータやインターネットを媒介に密接不可分に依存し合う高度情報化社会において、特定の領域であれ、社会基盤にダメージを被ることは、社会全体を混乱に陥れる可能性がある。これは日本も例外ではない。今後一層注意して対策を施す必要がある。

（4）その他

脅威の主体が**内部関係者**（インサイダー）なのか、部外者なのかも考慮する必要

がある。アクセスする手段や利用者が限られるクローズドなシステムにおいて、脅威の主体が内部関係者となることは当然としても、インターネットなどオープンなシステムにおいてもやはり内部関係者の場合が少なくない。

また、脅威が人によってのみもたらされるとは限らない。地震や台風の自然災害が脅威の主体となることは、改めて言うまでもないだろう。その他、政治的・社会的情勢や経済状況の変化も脅威をもたらす要因となる。

10-1-3　脅威の分類

脅威には、具体的にどのようなものがあるのだろうか。その分類について確認したい。

（1）不正利用

不正利用とは、本来の利用者（権利者）でないのに本人になり代わって、あるいは全く別の方法で、勝手にシステムやサービスを利用することである。**なりすまし**（spoofing）と言われる。なりすましのため事前に、そのシステムやサービス、そして利用者の情報を調べ上げ、「不正アクセス」やその他の不正な攻撃により**侵入**（intrusion）する。

（2）データ破壊

システムやサービスにとって最も脅威なのは、データの破壊（nuking）である。これは情報処理の対象としてのデータだけでなく、システムやサービスそのものを構成するソフトウェアや、その操作履歴である各種のログも狙われる。従って巧妙なクラッカーほど、ログを消すことに必死になる。またシステムやサービスに直接侵入し行われるものだけでなく、コンピュータウィルスなどのマルウェアによって間接的に引き起こされるものもある。

（3）データ改竄

データの改竄とは、データの一部あるいは全体を別のものにすり替え、書き換えてしまう行為である。Webページが改竄され、別のページに書き換えられる事例など枚挙に暇がない。ここで特に気を付けなければならないのは、データの改竄に気づかない巧妙な手口である。

chapter 10　インターネットと情報セキュリティ

（4）情報漏洩

　情報漏洩とは、個人情報や組織内部の機密情報を不正に傍受し、本人や当該組織の意図に反して外部に持ち出すことである。場合によっては（不特定の）第三者に対して開示することもある。本人や当該組織の許可なく不正に情報を収集するという意味において、盗聴にも該当する。

（5）サービス妨害（サービス停止）

　サービス妨害（Denial of Service、以下 **DoS**）とは、システム上で稼働している各種サービスが利用者に適切に提供されない、あるいはサービスやシステム自体が停止させられることである。例えば特定の Web ページへのアクセスを極度に集中させ、一般利用者のアクセスを妨害するなどが挙げられる。通常 DoS 攻撃者は、身元を隠しつつ、多地点から同時に組織的に攻撃を行うため、**ボットネット**（botnet）と呼ばれるマルウェアで感染させた多数のコンピュータを遠隔操作して同時並行的に攻撃を行う。これを、**並列分散型サービス妨害攻撃**（Distributed Denial of Service、以下 **DDoS 攻撃**）と呼ぶ。

10-2　侵入経路と被害のかたち

　システムやサービスに被害をもたらす各種の脅威は、どのような経路で侵入し、どういった手口で、どのような被害を、どの程度及ぼすのか、具体的に確認する。

10-2-1　脅威の具体的な侵入手口

（1）侵入への準備

　システムやサービスへの侵入に先立ち侵入者が行うのは、多くの場合、侵入するための経路や手口を調査・確認することである。例えばターゲットであるシステムの IP アドレスを**アドレススキャン**によって調べたり、そこで提供されているサービスを**ポートスキャン**で確認する。また**バナーチェック**によって OS やソフトウェアのバージョン、セキュリティパッチの適用状況をチェックし侵入に備える。なお、アドレススキャンやポートスキャンの行為自体は違法ではない。この本来は管理者自身がシステムのメンテナンスなどに利用するものが、部外者によって集中して系統的に行われると、侵入・攻撃の準備段階と見做すことができる。また、パスワードクラック（総当り的な辞書攻撃を含む）など、不正侵入のためのなりすましに利

用する足掛かりとして、脆弱なパスワード設定のユーザを調べ尽くすのも明らかに侵入・攻撃の準備と言える。

（2）マルウェア（不正プログラム）

コンピュータウィルスといった、システムやサービスに誤作動を引き起こすソフトウェア、特に悪意ある（malicious）不正なプログラム全般を**マルウェア**（Malware）と呼ぶ。マルウェアの侵入経路は様々で、電子メールの添付ファイル、USB メモリなどの可搬型のデバイス、無料の（時には市販の）ソフトウェアのインストーラや実行ファイルに潜み侵入する。

マルウェアは自ら分裂し増殖するか否かで大きく二分される。

- **自己増殖型：ワーム、ウィルス**
- **非自己増殖型：トロイの木馬、バックドア、スパイウェア、論理爆弾**

自己増殖型（self-replicating）に分類されるワーム（computer worms）は、コンピュータやネットワークを媒介にして、自らのプログラムを複製し増殖する。ワームの特徴は、宿主としてのプログラムやデータファイルに依存しない点だ。従って**自立型**（self-contained）自己増殖プログラムと言える。一方、同じ自己増殖型プログラムであるウィルス（computer viruses）は、宿主に依存して増殖するという意味で、**寄生型**（parasitic）自己増殖プログラムである。自己増殖プログラムはどれもウィルスと呼ばれがちだが、狭義のウィルスと言えばこの寄生型を指す。

ちなみに、経済産業省の「**コンピュータウィルス対策基準**（平成 7 年制定、当時は通産省）[1]」によるコンピュータウィルスの定義は、「第三者のプログラムやデータベースに対して意図的に何らかの被害を及ぼすように作られたプログラム」であるとして、次の 1 つ以上の機能を持つものとされる。

①**自己伝染機能**：自らの機能によって他のプログラムに自らをコピーし又はシステム機能を利用して自らを他のシステムにコピーすることにより、他のシステムに伝染する機能

②**潜伏機能**：　　発病するための特定時刻、一定時間、処理回数等の条件を記憶

※1　http://www.meti.go.jp/policy/netsecurity/CvirusCMG.htm 参照

chapter 10　インターネットと情報セキュリティ

させて、発病するまで症状を出さない機能

③発病機能：　　プログラム、データ等のファイルの破壊を行ったり、設計者の
意図しない動作をする等の機能

　寄生型自己増殖プログラムであるウィルスの寄生先として、OS を含む他のプロ
グラムや OS そのものを起動するためのブートセクタ、そしてブラウザで利用さ
れる Java や ActiveX といったアプレット（あるいは機能拡張）などが挙げられる。
OS などプラットホームが違えばそもそも感染すること自体ないものもあれば、昨
今のインターネットを基盤としてプラットホームに依存しないものもあるので注意
が必要だ。

　非自己増殖型（non-replicating）マルウェアとしては**トロイの木馬**（Trojan
horses）が知られる。トロイの木馬は、一見何の変哲もない正規のソフトウェアに
見せかけてシステムに潜伏し、ユーザによる特定の操作や、特定の日付、時間の経
過といったものを引き金（トリガー）として不正な活動を開始するものを指す。ト
ロイの木馬自体が不正プログラムとして働く場合もあれば、他の不正プログラムを
内包して運搬するコンテナの役目だけを持つ場合もある。一見無害なソフトウェア
として動作しつつ、裏で宿主のコンピュータやユーザに関する情報をせっせと収
集しネットワークを介して外部に送信する**スパイウェア**（spyware、あるいは ad-
ware）などは、前者に相当する不正プログラムである。その他、ユーザのキーボー
ドのタイピング履歴に特化してパスワード情報などを収集しネットワークを介して
外部に送信する**キーロガー**（key logger）や、一度侵入した際に次回からの侵入を
容易にするための専用の裏口として機能する**バックドア**（back door）なども非自
己増殖型不正プログラムと言える。

（3）バッファオーバーフロー

　アプリケーション・プログラムのバグを悪用して、メモリのバッファ領域を不正
データで溢れさせ（オーバーフロー）、OS を含めた他の正常なプログラムのメモ
リ領域を不正プログラムで上書きし暴走させる攻撃手法を、**バッファオーバーフロ
ー**（Buffer Overflow）と呼ぶ。またプログラムを暴走させる（オーバーラン）こ
とから、**バッファオーバーラン**（Buffer Overrun）と呼ばれることもある。

　バッファオーバーフローは侵入の手段としてだけでなく、マルウェアや DoS 攻
撃の一環で不正なパケットとして送り込まれて来た後に行われる活動でもある。特

にシステムの管理者権限（root 権限）の奪取や、その上での不正プログラムの実行など、ターゲットとしたシステムを乗っ取り、遠隔操作するための手法ともなる。

（4）セキュリティホール

マルウェアにしてもバッファオーバーフローにしても、システムやプログラムが抱えるセキュリティ上の欠陥（あるいは設計・仕様上の不備）である**バグ**（Bugs）に対して行われる侵入手口であり攻撃である。このようなセキュリティ上のバグを**セキュリティホール**（Security Hall）と呼ぶ。OS を含むシステムやプログラムでは、製作者側で気付いた設計上あるいは動作上のバグや問題について、定期的に「アップデータ」や「パッチ（セキュリティパッチ）」として、対処・対応するプログラムが配布される。しかし実際には認識されていない欠陥や問題も多く、そのような顕在化していない弱点である欠陥や問題のことを**脆弱性**（Vulnerability）と呼ぶ。特に製作者側に気付かれず、従ってアップデータやパッチが配布される前に、セキュリティホールや脆弱性に対して行われる攻撃を（アップデータやパッチが配布される日を 1 日目として）「**ゼロデイ攻撃**」と呼ぶ。

その他セキュリティホールへの攻撃には、ブラウザの Web 画面を通じたデータのやり取りにおけるプログラムの不備や脆弱性に付け込むものもある。**SQL インジェクション**（SQL Injection）は、データベースシステムと連携した Web アプリケーションを利用したサービス上で、Web 画面から入力されるデータに、データベースの操作言語としての SQL を不正に埋め込んで送信し、データベースシステムを誤動作させる。また**クロスサイト・スクリプティング**（Cross-Site Scripting）のように、Web リンクによって別の Web ページを横断して、攻撃者が用意した悪意あるスクリプトが実行されるものもある。利用者が知らずにリンクをクリックすると、別の悪意ある Web ページへの誘導、Coockie などセッション情報の抜き取り、さらには Web ページの書き換えといった事態が引き起こされる。また**クロスサイト・リクエスト・フォージェリ**（Cross-Site Request Forgeries）のように、クロスサイト・スクリプティングの手法をさらに応用して、利用者のログイン情報やセッション情報を窃取し、本人の意図しない悪意ある要求をなりすましで実行させるものもある。

（5）ソーシャルエンジニアリング

システムへの不正侵入を許し脅威を引き起こすのは、コンピュータの技術的な問

chapter 10　インターネットと情報セキュリティ

題ばかりとは限らない。人間の心理的な脆弱性に付け込み不正侵入に至る**ソーシャルエンジニアリング**（Social Engineering）も注意が必要だ。ソーシャルエンジニアリングとは、人間心理に巧妙に付け込んでユーザ ID やパスワードを含む個人情報や機密情報をシステムの管理者などから聞き出す「騙しのテクニック」のことである。また、システムやサービスにログインしようとしている人が ID やパスワードを入力しているのを「肩越しに」盗み見る**ショルダーハッキング**（shoulder hacking）や、IT 関連企業などが排出するゴミを漁って機密事項を探る「ゴミ漁り（scavenger）」などもソーシャルエンジニアリングに含まれる。

10-2-2　脅威の結果としてもたらされる被害、程度、範囲

情報システムに対して各種の侵入経路や侵入手法を通じて、具体的にどのような被害がどのような範囲でもたらされるのかについて確認しよう。

（1）不正利用

システムやサービスの不正利用は、不正アクセスに始まり、なりすましによって本来の利用者の権利を侵害する。そして不正利用者が一度侵入に成功すると、システムへの裏口であるバックドアをシステムに埋め込み、次からの不正アクセスを容易にしたり、不正侵入したそのシステムを媒介にして、他システムへの不正侵入や攻撃を試みる**踏み台**（Springboard）として悪用する。トロイの木馬をはじめ、不正なプログラムを仕込んでシステムを乗っ取り、本来の利用者が知らないうちにシステムが遠隔操作されてしまう。不正利用は各種脅威の起点と言える。

（2）データ破壊

不正利用者によりもたらされる被害として最も明確で深刻なのは、データの破壊である。データの破壊は、不正利用者が自らの足跡——利用履歴を消す「ログ消去」から、利用者の個人情報や知的財産を含む各種データの破壊、そして最後には OS を含むシステム全体を破壊する事態にまでエスカレートする。トロイの木馬の一種である**論理爆弾**（Logic bomb）には、不正アクセスの痕跡自体も含めてデータを破壊し尽くす自爆型のものもある。

データの破壊は（データ改竄も）、上述の様にシステムに脆弱性があると、SQL インジェクションなど遠隔で間接的な攻撃による被害を招くことにもつながる。

（3）データ改竄

データ破壊と同様に深刻なのがデータ改竄だ。Web ページ改竄など、サイバーテロリストなどにより、政治的あるいは示威的行動として改竄されたことが明らかなものもあれば、利用者に気付かれることなくデータの一部が改竄されることもある。例えばオンラインショッピングなど、各種の商取引におけるデータ（金額、個数、内容）が改竄されたり、電子メールの本文が悪意ある言葉に書き換えられる。データの改竄は直接的な被害もさることながら、間接的には信用の失墜という事態をも招く。さらに **DNS キャッシュポイズニング**（DNS cache poisoning）のように、ネットワークインフラとなっている基幹システムが改竄され悪用される事態も起きている。Web ブラウジングにしても電子メールにしても、宛先アドレスの情報として「ドメイン名」を利用している。IP アドレスとドメイン名との対応付けを行うDNS サーバが攻撃を受け改竄されると、利用者は全く気付かずに悪意ある Web ページに誘導されたり、電子メールを盗み見られるといった事態を引き起こす。

（4）情報漏洩

不正アクセスによって外部にデータが持ち出されることを情報漏洩という。持ち出されるデータは、個人情報、知的財産、国家機密など、ターゲットとされたシステムにより異なる。情報が流出し公開されるだけでなく、漏洩させたことへの信用失墜も問題となる。内容によっては、団体・組織あるいは個人に対する損害賠償が必要になったり、金銭目的の攻撃者から、窃取した情報を取引しようと持ちかけられる場合がある。

情報漏洩の最も単純なものに、電子メールの送信先の誤入力、USB メモリやノート PC の置き忘れ、重要書類をコピー機で複写した後の取り忘れなどがあり、本人のちょっとしたミスが情報漏洩に繋がる。セキュリティホールあるいはシステムの脆弱性を狙った情報漏洩としてクロスサイト・スクリプティングやクロスサイト・リクエスト・フォージェリがあるのは既述の通り。

（5）サービス妨害（サービス停止）

サービス妨害（DoS 攻撃）として、提供されるはずのサービスが適切に行われないことがまず挙げられるが、その際、**ボットネット**によって DDoS 攻撃が行われることが多い。DDoS 攻撃の際には、ターゲットとなるシステムだけではなく周辺システムやネットワークに対しても大規模な負荷が掛かり、さらに連鎖反応的に

chapter 10　インターネットと情報セキュリティ

踏み台が拡大してボットネット化する。サービスやシステム、そしてネットワークまでも強制的に遮断せざるを得ない事態に陥る場合がある。

（6）複合的被害

　各種の攻撃と被害状況は、単一の手法による単一被害だけでなく、複数の手法が同時多発的に絡み合い利用者に被害を及ぼす。**フィッシング詐欺**（Phishing）の場合、SPAM メール（あるいは偽装メール）で不特定多数へのマルウェアの拡散、あるいは偽の Web サイトに誘導した上で、個人情報を窃取・漏洩をさせる。このフィッシング行為が、不特定多数の中から騙された利用者を一本釣りするイメージに対しファーミング詐欺（Pharming）は、上記で触れた DNS キャッシュポイズニング手法で、農場・牧場を経営するが如く、利用者自身を全く疑うことなく悪意あるサイトに囲い込む。なお IP 電話（VoIP）で偽の番号に電話を掛けさせたり、交換機を乗っ取って個人情報を窃取する「ヴィッシング詐欺（Vishing）」の被害も報告されている。さらに、最近問題となっているのが、**標的型攻撃**（Advanced Persistent Threat、**APT**）だ。標的型攻撃では、個人情報や知的財産、そして機密情報を扱う人物を特定し、ソーシャルエンジニアリング、偽装メール、マルウェア、セキュリティホール、なりすまし、Web ページ改竄など、ありとあらゆる手法を駆使して、ターゲットを狙い撃つ。そこには単なる愉快犯や悪意ではなく、組織的な意図や目的が感じられる。

10-3　情報セキュリティとは何か

10-3-1　情報セキュリティの CIA

　各種情報システムやインターネットを含むネットワーク技術の広範な利用と社会への浸透に伴い OECD（経済協力開発機構）は、国際的な相互利用の増加と多様化に対し、特に電子商取引という経済活動の観点から、安全で信頼性の高い環境を整備するためのガイドラインを 1992 年に策定している。それが「OECD Guidelines for the Security of Information Systems（OECD 情報システムのセキュリティのためのガイドライン、以下 OECD ガイドライン）」だ。このガイドラインは、情報セキュリティの目的を「情報システムに依存する者を、可用性、機密性、完全性の欠如に起因する危害から保護することである」としている。これら**機密性**（Confidentiality）、**完全性**（保全性：Integrity）、**可用性**（Availability）のイニシ

ャルから「**情報セキュリティの CIA**」、または「**情報セキュリティの 3 要素**」と呼ぶ。

- ・機密性：データや情報が、許可された時に、許可された方法で、許可された者やモノ、そして処理に対してのみ開示されること
- ・完全性：データや情報が、正確かつ完全であり、そしてその正確さと完全性が保全されていること
- ・可用性：データや情報、そして情報システムは、必要な方法で、いつでもアクセス可能かつ利用可能であること

この OECD ガイドラインに従えば、情報セキュリティとは、いつでも好きな時に、正確で完全な情報に、許可された者だけが適切な方法でアクセスできる、ということになる。なお、この OECD ガイドラインは 2002 年になって大幅に改訂され、「OECD Guidelines for the Security of Information Systems and Networks（OECD 情報システム及びネットワークのセキュリティのためのガイドライン）」が策定された。リスクアセスメント（Risk assessment）やセキュリティマネジメント（Security management）など 9 つの原則に基づいて、情報システム及びネットワークのセキュリティの強化に努めるべきだと勧告が盛り込まれ、現在に至っている。

10-3-2　セキュリティのその他の特性

セキュリティに関するガイドラインとして OECD の他、ISO（国際標準化機構）・IEC（国際電気標準会議）による TR13335、通称 **GMITS**（Guidelines for the Management for IT Security）や、BSI（英国規格協会）による BS7799 などが知られる。GMITS では、OECD ガイドラインで定義された情報セキュリティの 3 要素、すなわち機密性、完全性（保全性）、可用性に、**責任追跡性**（accountablity）、**真正性**（authenticity）、**信頼性**（reliability）を合わせた**セキュリティの 6 要素**が定義されている。

GMITS では、紙媒体その他の電子化されていないアナログ資産は対象外で、どちらかと言うと IT セキュリティに偏ったものであった。これに対し、より包括的な情報セキュリティに対応した取り組みとして、2005 年に ISO/IEC 27001 が策定された。日本ではこの ISO/IEC 27001 を元に、**情報セキュリティマネジメントシステム**（Information Security Management System、以下 **ISMS**）についての基準として JIS Q 27001 が国内規格化された。この JIS Q 27001（従って ISO/IEC

27001）では、情報セキュリティとは、「情報の機密性、完全性及び可用性を維持すること。さらに、真正性、責任追跡性、否認防止及び信頼性のような特性を維持することを含めてもよい」と定義づけられている。

- 真正性（authenticity）：ある主体又は資源が、主張どおりであることを確実にする特性。真正性は、利用者、プロセス、システム、情報などのエンティティに対して適用する
- 責任追跡性（accountablity）：あるエンティティの動作が、その動作から動作主のエンティティまで一意に追跡できることを確実にする特性
- 否認防止（non-repudation）：ある活動又は事象が起きたことを、後になって否認されないように証明する能力
- 信頼性（reliability）：意図した動作及び結果に一致する特性

10-3-3　リスクマネジメントとしての情報セキュリティ

ISMS の基準としての JIS Q 27001 ではリスクについて、「**リスク（risk）とは、事象の発生確率と事象の結果の組み合わせ**」であると定義している。また「リスク」という用語は一般には「好ましくない結果」を得る可能性がある場合にだけ使われるということ、しかしその一方で、リスクは期待した成果、または事象からの偏差の可能性から生じる、ということも追記されている。

従って、端的に言えば、リスクは単に「危険」や「恐怖」そのものというわけではなく、また結果の「良し悪し」でもなく、物事の「**発生確率**」とその「**影響範囲**」に基づく統計的な「**分布**」であるといえる。私たちは既に各種の脅威によってもたらされる被害のかたちや度合い、そしてその及ぶ範囲について具体的に確認してきた。そこで示される「リスク」を「情報セキュリティ」という基準に照らして、事前と事後において最小化することが必要となる。リスクをゼロにする、あるいはリスクをヘッジ（回避）することは難しいかもしれないが、リスクを手なずけることは情報セキュリティのガイドラインに準拠することによって可能となるのである。

10-4　脅威への対策とセキュリティ・ポリシー

コンピュータやインターネットを利用する私たちを取り巻く様々な脅威に対し、情報セキュリティの概念に基づいて、より具体的にどのように事前の対策を練り、

事後の対処を図れば良いのか、見ていきたい。

10-4-1　脅威への対策と対処

（1）マルウェア対策

　マルウェア対策の基本的な措置は、OS を含むソフトウェアに常時、最新のアップデータやセキュリティパッチを適用することである。その上でアンチウィルスソフトやエンドポイントプロテクションソフトと呼ばれるマルウェア対策ソフトをインストールする。もちろん、マルウェア対策ソフトについても、ウィルス定義ファイルを常に更新しておく必要がある。その他以下の項目にも注意を払う。

・見知らぬ相手からの電子メールは開かずに削除する。
・電子メールの添付ファイルはマルウェア対策ソフトでスキャンしてから開く。
・電子メールに記載されている Web リンクを無闇にクリックしない。
・OS を含め、重要なデータやファイルは定期的にバックアップする。

　なお、マルウェア対策ソフトには、個々のコンピュータにインストールするものと、電子メールサーバやファイルサーバなど、基幹システムにインストールするものがある。

（2）ファイアーウォール

　特定のコンピュータやコンピュータネットワークを外部の脅威から守るため、インターネットなどの外部ネットワークと、内部ネットワークの間を行き交うデータを制御する必要がある。これを火事の際の防火壁にたとえて**ファイアーウォール**（Fire Wall）と呼ぶ。ソフトウェアとして個々のコンピュータにインストールするものと、ハードウェアに組み込まれた状態で利用するものがある。

　ファイアーウォールは二つに大別できる。一つは行き来するデータ（パケット）の宛先あるいは送信元の IP アドレスやポート番号などを監視して、指定したポリシーに従ってパケットの出入りを判断（フィルタリング）する**パケットフィルタリング型**。もう一つはプロキシサーバのように、HTTP や FTP といった Web やファイル転送に使用するアプリケーションプロトコルを監視し、パケットの出入りを代理・代替する**アプリケーションゲートウェイ型**である。パケットフィルタリング型は、パケットのヘッダ部分（IP アドレスやポート番号）の監視だけに留まらない。セッション情報を監視して不正なパケットの通信を遮断するステートフルパケット

page　187

インスペクション（Stateful Packet Inspection、以下 SPI）や、パケットの中身であるデータ部分を監視して、不審なプログラムによる攻撃を未然に防ぐことが出来るディープパケットインスペクション（Deep Packet Inspection、以下 DPI）もある。DPI は SPI の機能に侵入検知（Intrusion Detection System、IDS）と侵入防止（Intrusion Protect System、IPS）の機能を併せ持つものといえる。またアプリケーションゲートウェイ型ファイアーウォールには、内部ネットワークからの通信を代替するプロキシサーバだけでなく、外部から内部ネットワークへのアクセスを代替するリバースプロキシサーバもある。

　ファイアーウォールによって内部ネットワークが外部の攻撃者から守られる一方、通常の利用者が外部から内部のネットワークへ安全にアクセスする方法として、**仮想プライベートネットワーク**（Virtual Private Network、以下 **VPN**）がある。VPN は、地理的に離れた内部ネットワーク同士を高価な専用回線で結ぶ代わりに、インターネット上に暗号化した仮想回線で拠点間を繋ぐ。これにより安価で、あたかも同一ネットワークにいるように相互アクセスが出来る。

　（3）認証
　認証には、大きく分けて**ユーザ認証**と**データ認証**がある。ユーザ認証は、システムやサービスの利用者が、利用する権利を持った本人であるのか、なりすましなのかを検証する仕組みで、本人認証とも呼ばれる。一方データ認証は、利用しているデータが改変・改竄されていないかを検証する仕組みで、データ完全性保証ともいう。

　ユーザ認証には、ユーザ ID とパスワードの組み合わせが思い浮かぶが、このような本人のみが知り得る情報を利用したユーザ認証を「**知識認証**」という。知識認証で利用されるパスワードは、SHA-1 や MD5 といったハッシュ（hash）と呼ばれる不可逆関数（one-way hash function）により符号化され、システムに格納される。その他、ユーザが所有する物理的な鍵や IC カードなどによる「**所有物認証**」、さらに指紋や目の虹彩あるいは静脈といったユーザの身体的な特徴を利用した「**生体認証**」がある。所有物認証は通常、パスワードといった知識認証との組み合わせで構成される。生体認証は、第三者によるなりすまし防止に効果を発揮するが、他の認証システムと比較して、認証システムが高価で煩雑になる（生体スキャナーなど）。また生体認証データが流失した場合、究極の個人情報流失にもなりかねず、取り扱いには十分な注意を要する。

通信経路上のノイズによる誤りといった伝送エラーや、偶発的なデータ改変は、パリティチェックや巡回冗長検査（Cyclic Redundancy Check、以下 CRC）による検出がある。しかし伝送途中で盗聴され、パリティや CRC そのものもすり替えられる意図的な改竄の場合は、検出することが出来ない。このようなとき、次項の暗号や電子署名を用いた、メッセージ認証符号（Message Authentication Code）によるデータ認証が有効になる。

（4）暗号と電子署名
データの保全、すなわちデータが改竄されておらず、正確且つ完全で、適切な人物により取り扱われた信頼に足るものであることを保証するには、さらに別の取り組みが必要になる。それは、データそのものの暗号化と電子署名の利用、さらにはデータが行き来するコンピュータネットワークやコンピュータ（特にデータの保存領域としてのストレージ）といった通信経路やデバイス自体の暗号化である。

暗号方式として、**共通鍵暗号**と**公開鍵暗号**が知られる。暗号化と復号化で同じ鍵を使うため、共通鍵暗号は「対称鍵暗号方式」、暗号と復号にそれぞれ異なる鍵のペアを使う公開鍵暗号は「非対称鍵暗号方式」とも言われる。

共通鍵暗号の場合、その共通鍵が漏洩して悪意ある第三者に渡るとあらゆる暗号が解読されてしまう。また事前に共通鍵を何らかの方法で受け渡しておかなければならないという問題もある。こうした共通鍵暗号の問題を解決したのが公開鍵暗号方式だ。暗号化と復号化の鍵を分けたことで、あらかじめ鍵を受け渡す必要がなくなり、鍵の生成時に公開鍵とペアとなる秘密鍵さえ厳重に保管しておけばよいことになった。公開鍵暗号は、理論的には 1960 年代に確立されていた。これが暗号化と電子署名の機能を併せ持ったものとして実用化されたのは、1977 年にアメリカの MIT の研究者らによって開発された RSA 暗号である。その後パソコンでも利用できる PGP の公開により、一般にも公開鍵暗号が普及した。

なお、公開鍵暗号は、暗号・復号の機能のみならず、電子的文書に対する偽造や改竄防止、また作成者の本人証明としての**電子署名**機能としても利用される。つまり実印と印鑑証明との関係と同様に、自らの秘密鍵で電子的に署名したものについて、第三者は文書の作成者の公開鍵で検証することで、その公開鍵の持ち主により作成された文書が偽造・改竄されていないことを証明することが出来るのである。日本では「電子署名及び認証業務に関する法律」いわゆる**電子署名法**が 2001 年に施行された（既にアメリカでは 1995 年に、ドイツやイタリアでも 1997 年に制定

chapter 10　インターネットと情報セキュリティ

されていた）。これは国税の電子的申告・納税（e-Tax）や、旅券（パスポート）の申請、そして地方公共団体での公的個人認証サービスなど各種公共サービスでの本人証明や偽造・改竄防止に必須のものとして法的に整備されただけではない。インターネット上での電子商取引の拡大や、「民間事業者等が行う書面の保存等における情報通信の技術の利用に関する法律」などのいわゆる **e-文書法** によって、商法や税法で保存が義務付けられている文書に関しても、（一部を除き）電子的文書が正規の文書として認められるようになった。これにより電子署名の重要性は以前より高まっている。

　インターネット上の電子商取引では、公開鍵暗号と電子署名（サーバ証明書）の組み合わせを利用し、Web ブラウザなどを通じてクレジットカード番号といった個人情報を安全にやり取り出来るようになった。これが Secure Sockets Layer（以下、**SSL**）という仕組みである。電子商取引の事業者は、第三者機関である認証局に公開鍵で署名されたサーバ証明書を発行してもらい、それを電子商取引などで利用するサーバにインストールすることで、利用者がそのサーバ上のオンラインショッピングにアクセスした際の通信が暗号化される。また、アクセス先のサーバが正当な認証を得ていることも証明される。この公開鍵暗号と電子署名を電子メールのやり取りに応用したものが **S/MIME**（Secure Multipurpose Internet Mail Extensions）である。

10-4-2　セキュリティ・ポリシーとインシデント対応

（1）ポリシーの策定と運用

　情報セキュリティは、私たちを取り巻く様々な脅威に対する概念的な枠組みである。脅威への具体的な対応について、**インシデント**（incident）即ち脅威によって引き起こされる可能性のある事象の重要度や、緊急度に応じた対応の手順と連絡方法等をセキュリティ・ポリシーとしてまとめておく必要がある。情報セキュリティの基本方針を定め、それを実現・確保・保証するための組織・体制を構築し、システムや情報へのアクセス権限や操作内容についての運用規定、そして実際のインシデントに対する対応手順を策定する。柔軟で使い勝手の良いシステムにするため、それぞれの組織に見合ったポリシーを策定しなければならない。首相官邸主導で設置された「情報セキュリティ対策推進会議」による「**情報セキュリティポリシーに関するガイドライン**」には、留意点として「ポリシーは、適切に導入・運用されて初めて意味のあるものであり、適切に導入・運用されないポリシーは策定されてい

ないのと同じであること」とある。総務省の情報セキュリティサイトでも企業・組織のセキュリティ・ポリシー策定に際し「実現可能な内容にする」ことと、「運用や維持体制を考慮し」て策定することが掲げられている。

　また、ポリシーを策定して導入・運用するだけに留まらず、運用状況を監視・評価し、場合によってはポリシーの見直しや改善を行う、いわゆる**PDCA サイクル**による不断の実施が必要である。

❶基本方針・対策基準としてのポリシー策定（**Plan**）
❷策定したポリシーの導入・運用（**Do**）
❸ポリシーの運用状況を監視・評価（**Check**）
❹評価に基づきポリシーの見直しや改善を行う（**Act**）

（2）インシデント対応
　では実際に情報セキュリティ上の侵害を受けた際の対応手順はどのようなものになるだろうか。独立行政法人情報処理推進機構（Information-technology Promotion Agency、Japan、以下 **IPA**）による分類を元に、次の 4 つのフェーズに分けて説明する。

①インシデント対応の事前準備
②情報セキュリティ侵害の検出
③インシデント対応
④新たなインシデント対応へ向けた改善

　まずインシデント対応に向けた準備だが、これは情報セキュリティを侵害する事案が実際に発生する以前に、**平時の備え**としてやっておくべきことである。

・情報セキュリティ侵害事案が発生した際の対応手順の明文化
・指揮系統を含めた連絡網等の整備
・通常のシステムの状態の把握
・定期的なバックアップ
・セキュリティパッチを含むシステムの最新状態の維持
・情報セキュリティ侵害事案を検出するツールの整備やシステムの構築
・情報セキュリティに関する情報の収集、など

　情報セキュリティ侵害の検出は、実際の侵害事案の検出と認識、そして事後の報

chapter 10　インターネットと情報セキュリティ

告と確認のために侵害状況や履歴の保全が必要となる。

侵害事案の検出と認識の方法については、下記の2種類があるとされる。

・ミスユース検出（Misuse detection）
・アノマリー検出（Anomaly detection）

ミスユース検出とは、一般に知られている攻撃パターンや、不正アクセス時に送りつけられるパケット中の、特徴的な文字列を検知する方法である。シグネチャ検出（Signature detection）、あるいはパターンマッチングとも呼ばれる。アノマリー検出は、ミスユース検出のような特徴的な攻撃パターンの見られない、システムの異常状態を検知する方法である。ファイアーウォールのIPSやIDSには、（アノマリー検出機能として）プロトコルやトラフィック、そしてアプリケーションの異常状態の検出が可能なものがある。侵害が検出され、その状況が認識できたら、後の分析や証拠資料とするため、なるべく完全な状態で保存し、事案発生の履歴を記録しておく。

インシデント対応については、暫定的対応と本格的対応がある。暫定的対応は、システムやサービスの再開・継続性を前提に、検出された侵害に絞って問題となるプログラムを除去することである。アンチウィルスソフトや修正パッチを適用し問題を解消する。しかし不正アクセスにより、特権ユーザを含む管理者権限が奪取されるといった、表面的には脅威が取り除かれているように見えて、バックドアなどが仕掛けられている場合がある。そのような懸念を払拭するには、OSレベルからシステムの再インストールをする必要がある。

情報セキュリティ侵害の事案が検出されたら、インシデント対応手順に沿ってシステムの復旧と再開に向け作業を始める。その各段階で全体の指揮系統に従って作業内容についての承認を含め、状況の報告を行う。そして、セキュリティ侵害の事案発生以後の時系列に沿った対応履歴を元に、実際のインシデント対応の体制、対応手順や作業内容、そして報告が適正なものだったかどうか、また対応手順として想定していなかった事象が発生していなかったかどうかなどについて検証し、将来のインシデント発生に備えて、改善点をまとめる。

次章では、脅威に対する技術的対応に留まらず、実際の法令遵守や運用的な側面から、具体的な法令に当てはめた対応と対策について確認していく。

◎ 次のテーマについて、グループで話し合ってみましょう
/////////////////////////////////////

1. **インターネット利用に潜むセキュリティリスクについて**：インターネットの普及に伴い、どのようなリスクが存在するのか
2. **ハッカーとクラッカーの違いとその影響**：ハッカーとクラッカーの定義と、それぞれがもたらす影響について
3. **サイバーテロリストの活動とその対策**：サイバーテロリストの目的と、それに対する対策について
4. **内部関係者による脅威とその防止策**：内部関係者が引き起こす脅威と、それを防ぐための方法について
5. **不正利用とデータ破壊の具体的な事例**：不正利用やデータ破壊の具体的な事例を挙げ、それに対する対策を議論する

chapte
10

▶ chapter ▶ title

法令遵守と情報倫理
被害者にならない、そして加害者にもならないために

　私たちがコンピュータやインターネットを利用する際には、10 章でみてきたような様々な脅威にさらされる。そのような中、まず被害者にならないためにはどうすればいいのか、また、もし被害に遭ってしまった場合どう対処すればいいのか、そして法的にはどこまで保護されるものなのであろうか。本章では、こういった点を簡単な歴史的経緯と具体的な事例を交え確認していきたい。またこれは反面、知らず知らずのうちに、誰かを傷つけ被害を与えかねない状況にあるということを理解することにもつながる。被害者にならないのはもちろん、加害者にもならないためにはどうすればいいのかを考えるきっかけにもなるはずである。

11-1　法の理解と遵守

　コンピュータが、政府や特定の大学・研究所などの学術研究機関等において、限定された者にのみ利用されていた時代から、1960 年代に入ると、オフィス・オートメーションの波に乗り、企業、特に銀行などの金融機関における事務処理や財務会計処理等に利用され始める。そしてコンピュータが徐々に一般の利用にまで開放されていくと、そこに一般社会の縮図とも言うべき状況が現れた。不正で違法な利用が行われることになったのだ。さらにコンピュータがオンライン化され、ネットワークに繋がるようになると、不特定多数による急激な利用の拡大によって、今までは内部関係者に限られていた問題も表面化することとなった。それに伴って法の理解と遵守がより重要になったのである。

chapter11 法令遵守と情報倫理

11-2 コンピュータ犯罪に対する法的措置

11-2-1 日本におけるコンピュータ犯罪と刑法改正

（1）高度化する犯罪手法

　日本に先んじてコンピュータの一般利用が企業を中心に浸透していたアメリカにおいては、既に 1960 年代からコンピュータを悪用した各種犯罪が増加する傾向にあった。そして日本でも 1970 年代に入ると、徐々にコンピュータにまつわる犯罪への懸念が生じ始める。特に 1973 年以降、銀行の給与振込のサービスが始まると、急速にオンラインサービスが普及し、キャッシュカードの偽造といった金融機関を中心とした詐欺事件などのコンピュータ犯罪が現れてくる。しかしこの当時のオンラインサービスと言えば、銀行 ATM 等を除けば、主に法人向けに専用端末を設置して専用通信回線を介したファームバンキング（firm banking）であった。実際にオンラインサービスにおけるコンピュータ犯罪としては、システムへのアクセスが限定された一部の内部関係者による犯行がほとんどであったのである。

（2）刑法改正へ向けた動き

　1981 年に起きた三和銀行オンライン詐欺事件は、コンピュータ犯罪に対する取り締まりへの一つの転換点となる。この事件が新たな措置を促す契機となったのは、当時の刑法における「詐欺罪」は「人を騙す」のがその要件であったのに対し、たとえ入力されたデータが不正なものでも、「コンピュータを騙す」ことは詐欺に該当しないことになってしまうためであった。従って、コンピュータを悪用したオンライン詐欺対策として、法改正を含む新たな措置が必要になったのである。

　なお警察白書では、コンピュータ犯罪について、上記三和銀行オンライン詐欺事件の起きた 1981 年以前には銀行のキャッシュカードの偽造・不正利用犯罪等に関連して、認知数や検挙数などが簡単に触れられているだけであった。1981 年以降（実際には昭和 57（1982）年版）は、明示的に「コンピュータ犯罪」の項目を掲げて具体的な事例や統計情報も掲載するなど、警察としてより精力的に取り組み始めたことが伺える。翌、昭和 58（1983）年の警察白書では、「不正データの入力」、「データ、プログラム等の不正入手」、「コンピュータの破壊」、そして「コンピュータの不正使用」を日本のコンピュータ犯罪における 4 類型として挙げている。しかし当時の刑法においては「プログラムの改ざん」と「磁気テープ等の電磁的記録物の損壊」の 2 類型について、法的措置はされていなかった。

11-2-2　コンピュータ犯罪関連法

1987 年に一部改正が行われた刑法の新たな処罰規定としては、主に以下のものがある。

- ・公正証書原本等不正作出罪（刑法 157 条）
- ・電磁的記録不正作出及び供用罪（刑法第 161 条の 2）
- ・電子計算機損壊等業務妨害罪（刑法第 234 条の 2）
- ・電子計算機使用詐欺（刑法第 246 条の 2）

ちなみに、これらの規定で扱われる**電磁的記録**とは、「電子的方式、磁気的方式その他人の知覚によっては認識することができない方式で作られる記録であって、電子計算機による情報処理の用に供されるもの（刑法第 7 条の 2）」と定義されている。ここで「電子的方式」とは各種メモリ、「磁気的方式」とは、磁気テープや磁気ディスク（HDD など）、キャッシュカード等の磁気ストライプ、そして「その他人の知覚によっては認識することができない方式」とは、光学式ディスクなどが具体的に挙げられる。つまりそれ以前の刑法においては、犯罪の証拠となる対象としては目に見える具体的な形を持った「モノ」のみが想定されており、電磁的記録、すなわちコンピュータ上のデータのように直接手に取ったり目で見たりすることができない無形のものについては、「文書」として取り扱うことが出来なかった。そして当然、文書でないものを毀損、すなわちデータを改竄・破壊したとしても厳密な意味で罪に問うことが出来なかったのである。

この刑法改正によって、ようやく従来の刑法犯の類型としての取り締まりから脱し、明確にコンピュータ犯罪としての取り締まりが位置づけられることになる。しかしこの刑法改正によるコンピュータ犯罪の現場として想定されているのは、あくまで企業や官庁などのコンピュータを扱う特定の組織内部であり、そのコンピュータ利用者も組織の内部関係者であるという閉じた環境が前提であった。外部からの不正アクセス、不正利用、改竄・漏洩などについては、コンピュータの設置されている建物や部屋への入退館（入退室）に関する防犯対策として想定されるに留まっていた。

平成 8（1996）年の警察白書まではコンピュータ犯罪として、以下のような事案の分類により、昭和 46（1971）年からの経年（あるいは累計）の認知件数を掲示している。

【表 11-1】 コンピュータ犯罪の認知状況（平成 7 年、平成 8 年版警察白書）

	コンピュータシステムの機能を阻害する犯罪				コンピュータシステムを不正に使用する犯罪				計
	コンピュータ本体又は付帯設備の損壊等	うち過失・事故等	磁気テープ・フロッピーディスク・磁気ディスク又は光ディスクの損壊等	データ又はプログラムの改ざん・消去	ハードウェアの不正使用	うちいたずら	データ又はプログラムの不正入手	データ又はプログラムの改ざん・消去	
平7	0	0	0	0	0	0	0	168	168
昭46～平7までの累計	14	1	0	12	7	2	12	615	660

※ e-Gov（電子政府）の法令検索等によって上記法令の具体的な条文を確認すること（http://law.e-gov.go.jp/cgi-bin/idxsearch.cgi）。また、ここで想定されるコンピュータ犯罪とはどのようなものかについて考察し、またその具体的な事例については警察白書（http://www.npa.go.jp/hakusyo/index.htm）なども参考に調べること。

11-2-3 ネットワークの開放と新たな犯罪要件の出現

　1985 年に日本電信電話公社が現在の NTT へと民営化されるのに伴い整備された電気通信事業法によって通信の自由化が起こり、一般加入者線（電話回線）を利用したパソコン通信などのコンピュータ・ネットワークが開放された。しかし同時にネットワーク犯罪という新たな犯罪の舞台をも提供することになった。

　1987 年の刑法改正以後も、コンピュータの社会への浸透と各種オンラインサービスの拡大に伴いコンピュータ犯罪は増加の一途を辿ることになる。それまでのコンピュータ利用犯罪の多くが、犯行・被害とも、主に内部関係者に留まっていたのに対して、ネットワーク犯罪においては、一般の利用者が犯罪者となり、被害者ともなる状況が生まれたのは既述のとおりである。

　パソコン通信とは、電話回線を通じて専用通信ソフトでホストコンピュータにダイアルアップ接続し、電子メールやチャット、ソフトウェアライブラリ、電子掲示板（BBS）など、主にテキストでのやり取りを中心としたユーザ同士の交流の場を提供するオンラインサービスである。アスキーネットやニフティサーブ、PC-VAN、日経 MIX など、大手のパソコン通信サービスの会員数は、それぞれ数百万人を超えたとも言われ、インターネットが普及する前夜一時的に活況を呈した通信サービスである。このパソコン通信の特徴であるテキスト中心のサービスであることと、ユーザが実名ではなくお互いに別名としてのハンドルネーム（HN）で呼び

合う風潮も相俟って、その匿名性を笠に着たオンライン詐欺事件や違法・不法薬物販売事件、そしてサイバーポルノ事件などが多発することになった。

11-3　ハイテク犯罪への対応

　1970年代のコンピュータのオンライン化に伴い広まった日本のコンピュータ犯罪は、1980年代後半から浸透したパソコン通信を始めとするコンピュータ・ネットワークの利用により舞台をネットワークに移し、さらに拡大していく。アメリカでは、それまで大学などの高等学術研究機関に利用が限定されていたインターネットが、1989年にARPANETの事実上の解散とほぼ時を同じくして商用利用が開始された。1992年にはゴア副大統領（当時）による情報スーパーハイウェイ構想が発表され、一般の利用が一気に浸透していった。日本は1年遅れて商用利用が解禁されると、各種プロバイダ（Internet Service Provider：ISP）が起業し、それまでのパソコン通信から取って代わられるようになった。

11-3-1　不正アクセス禁止法とネットワーク利用犯罪に対する法的措置

　インターネットが一般の利用者へ開放され、商用利用が開始されると、それまで隆盛を誇っていたパソコン通信は、徐々に衰退していった。1990年代半ばになると、Windows 95の発売にも後押しされ、インターネットが一般利用者のネットワーク利用の中心に躍り出る。インターネットは、パソコン通信とは異なり、言葉や人種、国などの壁を超え、さらに時間・空間をも超えてあらゆる人が相互に繋がる世界を提供した。そのためインターネット利用の拡大に伴って行われた刑法改正だけでは対応できない事象や概念を孕む事案が生まれ、さらなる法的措置が必要となった。

　ここではまず国内に目を向け、コンピュータやインターネットを含むコンピュータ・ネットワークを利用した犯罪として、警察庁により分類されている内容を確認したい。

　平成8（1996）年の警察白書までコンピュータ犯罪は、「犯罪情勢と捜査活動」の章の一つの項目として位置づけられていた。平成9（1997）年からはコンピュータ犯罪に加え「ネットワーク利用犯罪等」が、「ネットワーク利用犯罪とは、コンピュータ・ネットワークをその手段として用いる犯罪でコンピュータ犯罪以外のもの」と定義付けられ、ようやく紙面に登場した。ただし、ここでのネットワーク利用犯罪については、未だパソコン通信を主な舞台とした事案への言及が多く見られ、

急激に進むインターネットの利用状況との間に若干の乖離があった。その様相が一変するのが平成10（1998）年の警察白書だ。前年6月にアメリカで開催されたデンバー・サミットの「コミュニケ」において、「コンピュータ技術及び電気通信技術を悪用した犯罪」が「**ハイテク犯罪**」という用語で再定義され、国際的にも認知された。第1章「ハイテク犯罪の現状と警察の取り組み」に、丸々ハイテク犯罪への警察の取り組みに紙面が割かれている。

平成13（2001）年からは、ハイテク犯罪の統計に、その前年2月に施行された「**不正アクセス行為の禁止等に関する法律**」（以下、不正アクセス禁止法）による検挙件数が登場する。この時点でのハイテク犯罪の検挙件数は559件で、その内訳は、以下の通り。

【表11-1】ハイテク犯罪検挙件数内訳（平成13年版警察白書）

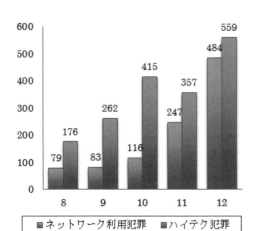

この時点でも平成8（1998）年の統計に遡って比較してハイテク犯罪が3倍に急増していることが分かる。ちなみに平成24（2012）年のサイバー犯罪検挙件数は7334件で、40倍以上に上り、不正アクセス禁止法制定後と比較しても、13倍以上に増えていることになる。以下、主に不正アクセス禁止法とネットワーク利用犯罪について、具体的に確認してみよう。

・不正アクセス禁止法違反

1987 年に一部改正された刑法は、1970 年代にコンピュータ利用の浸透に伴って、企業や官庁などの内部に閉じた環境での利用において、詐欺罪の構成要件や電子的なデータとしての「文書」概念が、新たな対応として盛り込まれるに留まっていた。それに対して不正アクセス禁止法では、不特定多数の利用者によるネットワークの利用を前提に、特に ID やパスワードなどによる利用者のアクセス制御が行われているシステムへの侵入そのものを不正なものと見なし、処罰規定が設けられた。また他人の ID やパスワードを第三者に勝手に開示することも不正アクセスを「助長」する行為であるとして、同様に処罰の対象となった。

・ネットワーク利用犯罪

ネットワーク利用犯罪の具体的な対象としては、①わいせつ物頒布等、②児童買春・児童ポルノ法違反、③詐欺（電子計算機使用詐欺を除く）、④著作権法違反、⑤その他、が挙げられている。

この内、児童買春・児童ポルノに関しては、中高生を中心に 18 歳未満の児童・生徒が所有する携帯電話普及率の上昇と共に、出会い系サイトなどを通じて売買春に巻き込まれる事件が続発していた。児童の保護と健全な育成を目的として、平成 15（2003）年に「インターネット異性紹介事業を利用して児童を誘引する行為の規制等に関する法律」、いわゆる**出会い系サイト規制法**が制定された（平成 20 年に事業者に対する取り締まりの強化を含めた改正がさらに行われている）。

また詐欺に関しては、**ワンクリック詐欺**などの架空請求詐欺や**フィッシング詐欺**などの増加も顕著だ。特にワンクリック詐欺は、一見利用者のコンピュータ操作ミスを装い、特定の Web サイトに会員登録されたかのように表示され、高額な利用料金を請求されるというものだ。その際、IP アドレスやパソコンの OS、Web ブラウザの種類や携帯電話の番号、個体識別番号なるものが表示される場合もあるが、本人の承認なくワンクリックだけで会員登録が成立することはない。しかし閲覧した Web ページというのが、アダルトサイトだったりする場合など、利用者自身の後ろめたさも手伝い、詐欺であるにも関わらず高額な料金請求に応じてしまう事例が後を絶たない。ワンクリック詐欺に関しては、電子商取引における錯誤について利用者の救済を目的に平成 13（2001）年に制定された「電子消費者契約及び電子承諾通知に関する民法の特例に関する法律」、いわゆる**電子消費者契約法**や「特定商取引に関する法律」などにより契約の無効が確認出来るが、その後もツークリッ

chapter11 法令遵守と情報倫理

ク詐欺、スリークリック詐欺など新手の詐欺による被害が後を絶たない。

　フィッシング詐欺は、第 10 章でも取り上げた通り、当初 SPAM メールやそれに添付されたマルウェアによって不特定多数をターゲットに個人情報の窃取を引き起こし、結果として経済的な損失や知的財産の漏洩をもたらすものだ。さらに近年、不特定多数をターゲットとした一本釣りとしてのフィッシングから、DNS キャッシュを悪用したターゲットの囲い込みとしての**ファーミング詐欺**、そして特定組織や特定個人をターゲットとする**標的型攻撃**へと、手口がより巧妙に進化している。ちなみに平成 23（2011）年の統計では、不正アクセス行為のためにユーザ ID やパスワードなどの識別符号の入手方法として、フィッシング行為が約 9 割を占めるという驚くべき状況になっている。このような状況を受け、平成 24（2012）年に改正された不正アクセス禁止法では、フィッシング行為そのものが取り締まりの対象となり、刑事罰が課されることになった。

　またコンピュータがデジタルな情報を扱う計算機であるため、アナログ情報に比べて複製するのが容易であることから、知的財産権としての**著作権法**に抵触、あるいは明確に違反する事案も急増している。著作権法違反による検挙数は、平成 25（2013）年上半期だけで、前年同期比の倍近い 419 件（プラス 190 件）となっている。

　著作権法違反に関しては、ファイル共有ソフト等により、コンピュータソフトウェアや、音楽・映画等のプログラムを含む他人の著作物をインターネット上にアップロードし、不特定多数に配信するといった事案が多数発生している。なお、平成 21（2009）年の著作権法の一部改正の際には、違法にアップロードされた音楽・映画等のプログラムであると知りながらダウンロードする行為についても違法なものと規定されたが、罰則規定はなかった。それが平成 24（2012）年の改正では、違法ダウンロードの刑罰化と、暗号化等により保護された DVD 等のデータをその保護技術を回避して抜き出す、いわゆる「リッピング」の違法化が盛り込まれた。また著作権法違反に関連しては、ネットショッピングやネットオークションにおいて出品者が権利者の許諾を得ずに店舗名やブランド名、あるいは出品物等において**商標権の侵害**に関する事案も多数起きている。

　このネットショッピングやネットオークションにおける著作権法違反や商標権侵害については、その当事者だけでなく、サービスの場を提供している ISP の側にも当該情報等の削除などの対応が必要であることが、平成 14（2002）年に制定された「特定電気通信役務提供者の損害賠償責任の制限及び発信者情報の開示に関する法律」（以下、**プロバイダ責任制限法**）に規定されている。なお、このプロバイダ

責任制限法では、著作権法違反や商標権侵害に関してのみならず、特定個人に対するインターネット上での名誉毀損やプライバシーなどの権利侵害への対応についても規定されている。プロバイダ責任制限法は、事業者側の損害賠償責任の制限と、被害者からの求めに応じて発信者情報の開示をすることを規定することで、インターネット上での謂われ無き誹謗中傷であったり、個人情報の勝手な漏洩に対して、単に被害者として泣き寝入りすることなく、当該情報の削除を申請し、発信した相手の情報の開示も請求することが出来るようになったのである。

11-3-2　インターネットにまつわる事件と公的機関による取り組み

ではここで、インターネットにまつわるサイバーセキュリティについて、公的機関による取り組みについて確認したい。

まず、国や政府は、高度情報化社会を見据え、IT を基軸に社会基盤の整備のために、政府主導の IT 戦略会議によって IT 基本戦略をまとめた。これを受け、平成12（2000）年 9 月に発表された **e-Japan 構想**に基づいて「高度情報通信ネットワーク社会形成基本法」、いわゆる **IT 基本法**が制定された。この IT 基本法には、第22 条に各種施策の策定に当たって、安全性及び信頼性の確保、個人情報の保護その他、高度情報通信ネットワークを安心して利用することが出来る措置を講じる必要がある、と情報セキュリティ政策への指針が記されている。

この方針に基づき、高度情報通信ネットワーク社会推進戦略本部、いわゆる IT戦略本部が内閣に設置され、平成 17（2005）年に情報セキュリティ政策の基本戦略を決定する「情報セキュリティ政策会議」と、その実務機関としての「内閣官房情報セキュリティセンター（National Information Security Center、以下 **NISC**）」が日本の情報セキュリティ政策の中核を担う組織として設置された。そして NISCは防衛省、総務省、経済産業省、そして警察庁その他の省庁や独立行政法人を含む民間機関とも連携しつつ横断的な情報セキュリティ対策を推進している。

なお、e-Japan 構想に基づく IT 国家戦略である e-Japan 戦略は、後に総務省主導で **u-Japan 政策**として受け継がれた。u-Japan 政策では、「いつでも、どこでも、何でも、誰でも」ネットワークにつながる**ユビキタス**（Ubiquitous）をキーワードに、IT に Communication を加えた ICT 国家戦略として、ユビキタスネット社会の構築を目標に掲げている。

次に警察における取り組みとしては、警察庁に設置された情報技術犯罪対策課（および情報技術解析課）を中心に、各都道府県警にサイバー犯罪対策課を設け、実際

chapter11 法令遵守と情報倫理

の取締りや地域への啓蒙活動を行うとともに、サイバー犯罪捜査官の育成も行って来た。しかし、サイバー犯罪の激化に伴って、さらなるサイバー犯罪対策強化として、平成25（2013）年4月にサイバー犯罪特別捜査隊を13都道府県警に新設し、サイバー攻撃分析センターによる統括の元、都道府県情報通信部の技術部隊「サイバーフォース」による支援を受けつつ、捜査・情報・技術の三位一体の体制を強化した。

また各都道府県警には、情報セキュリティ・アドバイザー等の専門職員を配置したサイバー犯罪相談窓口を設けている他、全国組織としてのインターネット・ホットラインセンターを運用し、違法情報や有害情報の通報を受け付けている。なお、インターネット・ホットラインセンターは、国際的な組織であるINHOPE（International Association of Internet Hotlines）にも加盟して、国際的な協調と情報の収集にも努めている。

11-4　サイバー犯罪の国際化への対応

11-4-1　コンピュータやネットワークを利用した犯罪の国際化について

インターネットが登場する以前のコンピュータ犯罪に関して述べた通り、アメリカでは高度化するコンピュータ犯罪について、早くから社会問題化して情報セキュリティポリシーを確立し、対策を練ると共に、立法化に着手している。既に1984年の「包括的犯罪規制法」によって、コンピュータ関連の犯罪については、連邦刑法典が改正され一部の不正行為に関しての罰則規定が設けられていたが、1987年の改正では、不正アクセスについての罰則規定（1030条）が追加された。日本では同じ年に刑法の一部改正が行われ、コンピュータ犯罪についての認知と対策に乗り出したばかりであったのと対照的だ。アメリカでは、この連邦法以外に、各州の州法でも個別にコンピュータ犯罪に関する規定が為されている。ちなみにアメリカ司法省刑事局配下のコンピュータ犯罪及び知的財産部では、犯罪行為におけるコンピュータの役割を元にサイバー犯罪を以下の3つに分類している。

①コンピュータ自体を犯罪の対象（target）とするもの
②コンピュータを犯罪で使う道具（tool）とするもの
③コンピュータが犯罪に付随する（incidental）もの

アメリカと同様、例えばカナダでは、アメリカに先んじて1984年に刑法典が改

正され、不正アクセスに関する罰則規定（301、302条）が盛り込まれており、フランスでは、1988年に情報処理関連不正行為に関する法律として刑法典を改正し、不正アクセス禁止（323-1条）、業務妨害や不正なデータの操作についての規定（323-2、323-3条）を設けている。英国では1990年に制定した「コンピュータ不正使用法（Computer Misuse Act 1990）」で不正アクセス禁止についての規定（第1条）を設け、その他ドイツやイタリアなどを含む、当時のG8各国は、1990年までには、ほぼ不正アクセスを含むコンピュータ犯罪に関する法律を制定していた。こうして国境の無いインターネット空間を舞台とした問題や犯罪に対して、国際的な協調を促す契機が整ったのである。

11-4-2　サイバー犯罪条約と情報セキュリティポリシー

インターネットを介してコンピュータ・システムに対する攻撃やコンピュータ・システムを利用した犯罪については、国境を越えて相互に影響を及ぼし合い、国際的な協調が必要との認識から、欧州評議会（Council of Europe）において平成13（2001）年に「**サイバー犯罪に関する条約**（Convention on Cyber crime、以下、サイバー犯罪条約）」が起草、採択され、平成16（2004）年7月発効した。平成24（2012）年時点で、締約国34カ国、署名済み未締結国13カ国となっている。そしてこの2000年前後の時期を境に、それまでハイテク犯罪と呼ばれていたものが、インターネットを含むコンピュータ・ネットワーク環境を前提に、徐々に**サイバー犯罪**（Cybercrime）と呼ばれるようになる。

このサイバー犯罪条約は、第1章のコンピュータ・システムやコンピュータ・データなどに関する定義から始まり、第2章の「国内的にとる措置」では、第1節で以下の5つの約款によりサイバー犯罪が規定されている。

第一款：コンピュータ・データ及びコンピュータ・システムの秘密性、完全性及び利用可能性に対する犯罪
　　　　違法なアクセス・傍受、システムやデータの妨害や濫用について
第二款：コンピュータに関連する犯罪
　　　　コンピュータ・データの偽造や改竄、削除及びコンピュータを利用した詐欺について
第三款：特定の内容に関連する犯罪
　　　　児童ポルノに関して

chapter
11

page 205

chapter11　法令遵守と情報倫理

第四款：著作権及び関連する権利の侵害に関連する犯罪
　　　　著作権及び著作隣接権等の侵害について
第五款：付随的責任及び制裁
　　　　未遂及び幇助又は教唆について

　そして第2節以降で、サイバー犯罪に対する具体的な捜査のための手続き、また犯罪の証拠としてのコンピュータ・データの保全や捜索及び押収、そして裁判や犯人の引き渡しなどについて規定されている。

　ちなみに日本は、この条約の検討段階からオブザーバーとして参加しており、既に条約起草時に署名していたが、平成16（2004）年4月に締結することについて国会の承認を得た後、平成24（2012）年11月になって批准した。発効までに時間が掛かったのは、批准に必要な日本の国内法の整備が間に合わなかったためで、平成23（2011）年6月に刑法及び関連法の改正に関する「情報処理の高度化等に対処するための刑法等の一部を改正する法律」、いわゆる「サイバー刑法」の成立によってようやく批准する条件が整ったのである。このサイバー刑法では主に、①情報技術の発展に対応できる捜査手順の整備、②コンピュータ・ウィルス作成・供用罪の新設など罰則の整備が行われることになった。

　OECDその他の情報セキュリティに関するガイドラインに基づくコンピュータ・システムやインターネットを含むコンピュータ・ネットワークに対する脅威への対策と対処については、前章でも確認した通りである。さらに国内外の不正アクセスに関する法律や刑法その他のみならず、サイバー犯罪条約を含む国際的な取り組みによって、サイバー犯罪を未然に防ぎ、犯罪事案の影響範囲と程度を最小限に抑えようと、各国協調したたゆまぬ努力が続けられているのである。

11-4-3　個人関係と国家関係が直結するインターネット環境

　こうしてコンピュータにまつわる問題を見てくると、時代とともにコンピュータを悪用した犯罪の多様化、高度化と影響範囲の拡大が明らかだ。

　コンピュータの利用が、特定組織の内部関係者に限られていた時代から、コンピュータがネットワークを介して相互に結びつくインターネットの時代ともなれば、時間や場所、言葉や文化、国境を越えて、個人や組織・団体、あるいは特定の地域が直接コミュニケーションを取れるようになり、それとともに犯罪も国際化することになった。従って、現代社会においては、個々人のローカルな環境が、即ちグロ

ーバルな環境と直接結びつく時代であるということを肝に銘じておく必要がある。さらにテクノロジーの進化に伴い、法律を含む規則や言葉の定義や概念も変化し、それは国内に留まらず、国際的な取り組みとしてどのように位置づけられるのかということにも注意を向ける必要が出てきている。またコンピュータやネットワークを犯罪の手段として利用するだけでなく、今や社会の重要なインフラとも言えるコンピュータやネットワーク自体が犯罪の対象や目的となっていることにも気をつけなければならない。

11-4-4　愉快犯か、経済事犯か、テロリズムか、戦争か

既に見てきたように、時間や場所、言葉や文化、国境を越えて世界中のコンピュータが相互に繋がるインターネットにおいては、たとえそれが個人による些細ないたずら心を満たすことを目的とした行為であったとしても、結果として広範で深刻なダメージをシステムに及ぼしかねない。逆に言えば、元々悪意を以て行動する者にとってはその目的を遂行するために、これ程取扱が容易で安価な仕組みは他にないということにもなる。そして最終的には、国家の体制を揺るがしかねないライフラインを含むインフラへの攻撃が、いとも簡単に行われる可能性がある。従って単なる愉快犯や経済事犯と、テロや戦争との境界線が曖昧になりつつあるということだ。実際、アメリカ国防省は、2011 年 7 月にサイバー空間を「第 5 の戦場」と位置づけ、アメリカに対するサイバー攻撃に対しては実際の武力で以て反撃すると宣言した。

では、サイバー犯罪（Cybercrime）とサイバー戦争（Cyberwar）との違いは一体どこにあるのだろうか。相手を攻撃するに際しての手段はサイバー犯罪でもサイバー戦争でも変わりはない。セキュリティソフトで有名なトレンドマイクロのCTO であるレイモンド・ゲネス（Raimund Genes）によれば、「『目的』こそサイバー犯罪とサイバー戦争とを隔てる分水嶺」だという。知的な遊び、あるいは単なる個人的ないやがらせや金銭を得ることを直接的な動機とする攻撃がサイバー犯罪であるのに対して、政治的意図や動機による攻撃はサイバー戦争であるということになる。しかし、目的が何であれ、引き起こされる事象や状況には違いはない。私たち一人一人が自らのコンピュータ・システムやデータを保護していかなければならないのだ。

chapter11　法令遵守と情報倫理

11-5　被害者にならないために、加害者にならないために

　この章の冒頭でも触れた通り、私たちを取り巻くコンピュータやインターネットに関する状況は、時代とともに多様で複雑な様相を見せている。その中で、まずは被害者にならないためにはどうすればいいのかについて確認するとともに、気付かぬうちに自らが加害者になってしまわないように注意が必要だ。

11-5-1　サイバーセキュリティ事件簿

　ここでは警察庁その他で報告されている、具体的なサイバー犯罪事案の検挙・逮捕事例をいくつか紹介しよう。

サイバー事件簿・事例❶（不正アクセス禁止法違反）

> 大学生の男 A（18）は、平成 13（2001）年 2 月、雑誌で知り得たハッキング手法を試す目的で携帯電話を利用し、無料ホームページサービス会社の管理者になりすました。そして、虚偽のメッセージを送信することにより利用権者から ID・パスワードを入手して、これを不正に使用してウェブサーバに侵入し、同パスワードを変更した。5 月、警視庁サイバー犯罪対策室は、この大学生を不正アクセス禁止法違反で検挙した。
>
> （平成 14 年版警察白書）

　この事例は、不正アクセス禁止法違反の典型的な事例である。不正アクセスに利用する他人の ID・パスワード窃取のためにシステムの管理者になりすまし、偽のメールを送信することはフィッシング行為だが、この時点では不正取得行為であってもその行為自体は不処罰（罰則規定がない）だったのである。次の**事例❷**に見られるように、改正後の不正アクセス禁止法施行後は処罰されることになった。

サイバー事件簿・事例❷（不正アクセス禁止法違反・フィッシング行為）

> コンピュータゲーム会社の Web サイトに酷似したフィッシングサイトを開設して公に閲覧できる状態にしたとして、静岡県警清水署と県警生活経済課サイバー犯罪対策室は平成 25（2013）年 10 月、不正アクセス禁止法違反と商標法違反の疑いで沖縄県の少年 B（18）を逮捕した。少年のパソコンにはコンピューターウイルスとみられるプログラムも保存されていたといい、同署は不正指令電磁的記録保管容疑でも調べる方針。

208　page

この事例は、平成 24（2012）年 3 月の不正アクセス禁止法改正後初のフィシング行為による逮捕事例ともなっている。そしてフィッシングサイト作成においてコンピュータゲーム会社のロゴなどを含むコンテンツを無断で利用していることから商標法違反容疑も掛けられた。またインターネット上の事案であるために県警をまたいでの逮捕となっていることも特徴的だ。ちなみに、インターネット上の掲示板で知り合った 3 人が協力してクラッキングツール等を利用して他人の ID・パスワードを不正に入手した上、大学やプロバイダに不正アクセスしていた別の類似の事例では、愛知、秋田、宮城、広島の各県警と警視庁と 1 都 4 県にまたがる事案（平成 13 年版警察白書）が発生している。

なお、上記**事例❶**、**❷**両方とも検挙・逮捕された容疑者が 18 歳の例を取り上げたが、平成 24（2012）年における不正アクセス禁止法事案で検挙された被疑者の年齢層は、10 代の未成年者が最も多く、全体の 41% を占める。この状況には注意が必要だ。

サイバー事件簿・事例❸（不正指令電磁的記録罪）

警視庁は平成 24（2012）年 6 月、自ら開設したアダルト・サイトに蔵置したウィルスを利用者にダウンロードさせ、個人情報を騙取し、架空請求により現金を騙し取ったサイト管理者 C ら 6 人を不正指令電磁的記録罪及び詐欺罪で逮捕した。サイト管理者らは、アダルト・サイトに動画再生アプリを装ったウィルスを利用者にダウンロードさせ、ウィルスに感染したスマートフォンから電話番号や電子メールアドレス等の個人情報を騙し取り、アダルト・サイト利用料金として 9 万 9800 円を請求、不用意に現金を振り込んだ 211 人の被害者から合計約 2115 万円を騙し取った。

この事例の不正指令電磁的記録罪とは、前節のサイバー犯罪条約批准に際して制定されたサイバー刑法によって新設された、コンピュータ・ウィルス作成及び供用等に関する罪のことで、コンピュータ・ウィルスを作成・提供・供用するのみならず、理由無く取得・保管することも処罰の対象となる。上述の事例では、被疑者 6 人で共謀してウィルスを供用したことがこの罪に当たる。コンピュータ・ウィルスを作成するならいざ知らず、理由なく所持することも禁止されていることに注意が必要だ。

chapter11　法令遵守と情報倫理

サイバー事件簿・事例❹（業務妨害罪）

インターネットの掲示板システムにS県市内の小学生児童を殺害する予告を書き込んだとして、S県警は平成25（2013）年10月、北海道小樽市の無職少年D（18）を威力業務妨害容疑で逮捕した。D少年はインターネット上の自殺予防サイトの掲示板システムに、小樽市内から携帯ゲーム機を利用して、「S市内の公園で遊んでいる児童を無差別に殺す。さらにS空港に爆弾を仕掛けた」などと書き込み、S市内の小学校やS空港では、児童の保護者への緊急連絡や空港の警備強化などの措置のため通常業務を妨害した疑いで、本人は「ストレス解消のためにやった」と容疑を認めている。その他周辺の複数の県・市のホームページにも同様の書き込みが相次いでおり、余罪を追及している。

　この事例は、インターネット上の掲示板システムを利用しているが、実際には威力業務妨害罪（刑法234条）、すなわち直接的あるいは有形的な方法で他人の業務を妨害したことが逮捕理由とされる。これが虚偽の風説の流布など、間接的あるいは無形的な方法で他人の業務を妨害した場合は、偽計業務妨害罪（刑法233条）となる。定期試験や入学試験、あるいは学園祭の会場に爆弾が仕掛けられているなどと嘘の情報をインターネットの掲示板システムなどに書き込んで、偽計業務妨害罪で逮捕されるという類似の事例は後を絶たない。

サイバー事件簿・事例❺（名誉毀損）

インターネット上の掲示板システムの「学校裏サイト」と呼ばれる非公式サイトで、特定の女子中学生の実名を挙げた書き込みが誹謗中傷だと知りつつ放置し削除しなかったとして、大阪府警は平成19（2007）年4月、その掲示板システムを管理する大阪市内の男性会社役員E（26）を名誉毀損幇助容疑で書類送検した。調べによると、Eは市内私立中学校名の掲示板を管理していた前年9月頃、同校に通う女子中学生を名指しで中傷する書き込みに気付いた学校側からの削除要請を無視し放置した疑い。またIPアドレスなどから、女子中学生と同じ塾に通う別の中学校の女子生徒が中傷の書き込みをしていたと特定し、名誉毀損の非行事実で児童相談所に通告したことも明らかになった。

　この事例は、ネット上の誹謗中傷を巡って掲示板の管理人が初めて立件されるという特異なケースとなった。このケースでは特定の掲示板の管理者を対象として名誉毀損幇助という刑事責任を問う形となっているが、管理体系がISPを対象とする場合はプロバイダ責任制限法が適用されることにもなるであろう。ところで実際の

中傷の書き込み者が、被害者の女子生徒の知人だったというところが何ともやり切れない思いになる。文字を中心とするネットワーク上のコミュニケーションでは、ともすると些細なきっかけでフレーミング（Flaming）と呼ばれる激烈な誹謗中傷の応酬が発生する。特に根拠のない噂や思い込みで安易に書き込みを行うと、刑事責任と共に名誉毀損や侮辱罪により告訴される恐れがあることに十分注意したい。

サイバー事件簿・事例❻（サイバー攻撃）

警察庁は、平成25（2013）年のサイバー攻撃に関して、標的型メール攻撃が前年比51.2%減の492件と大幅に減少した一方で、「水飲み場型攻撃」と呼ばれるサイバー攻撃を国内で初めて確認したと報告書で発表した。標的型メール攻撃の減少に関しては、「ばらまき型」攻撃の減少によるもので、他方で「やりとり型」攻撃が大幅に増加していることも指摘されている。そして攻撃者が特定の事業者の情報を事前に収集した上で標的型メールを送信していた事例が確認されていることなど、用意周到な攻撃が行われ、その手口も巧妙化・多様化していることに注意を喚起している（警察庁「平成25年中のサイバー攻撃の情勢及び対策の推進状況について」）

標的型メール攻撃である「やりとり型」攻撃とは、企業の職員採用への応募や取引業務を装い、事前に何通かの電子メールのやりとりを通じて一見自然な状況を作り出して相手を油断させた後に、履歴書や製品カタログなどに偽装した添付ファイルとして不正プログラムを送り付ける攻撃手法である。「ばらまき型」の攻撃手法は同一文面で同一の不正プログラムを多数送り付けるために攻撃が発覚する可能性が増えたため、より巧妙な「やりとり型」攻撃手法へと移行しつつある。なお標的型メール攻撃のいずれのケースでも、攻撃者の送信元はフリーメールアドレスが多く利用されているのが特徴である。添付ファイルとして送り付けられる不正プログラムは多くの場合圧縮されており（453件中356件で、全体の約8割）、圧縮されたファイルの中身はほぼ実行ファイル形式だった（圧縮ファイル全体の約9割）。圧縮ファイルの中身が、外部の悪質ウェブサイトに置かれた不正プログラムへのショートカット（エイリアス）だった例もあるという。また今回の報告書で国内では初めて確認された「水飲み場型」攻撃（watering hole attack）とは、「対象組織の職員が頻繁に閲覧するウェブサイトを改竄し、当該サイトを閲覧したコンピュータに不正プログラムを自動的に感染させる手口」（上記報告書）のことで、草原の水飲み場に集まる草食動物を待ち伏せるライオンに攻撃者を見立てて、そう呼ばれる。

chapter11　法令遵守と情報倫理

◎ 次のテーマについて、グループで話し合ってみましょう
//

1. **情報倫理とプライバシー**：情報倫理の基本概念と、プライバシー保護の重要性について

2. **サイバー犯罪の現状と対策**：現代のサイバー犯罪の手口と、それに対する対策について

3. **フィッシング詐欺の手口と防止策**：フィッシング詐欺の具体的な手口と、それを防ぐための方法について

4. **ネットワーク利用犯罪の種類と事例**：ネットワークを利用した犯罪の種類と、具体的な事例について議論する

5. **インターネットの匿名性と責任**：インターネット上での匿名性がもたらす利点と問題点について

参考文献

（1章、2章）
- 小倉金之助訳『復刻版・カジョリ初等数学史』共立出版（1998）
- 内山昭『計算機歴史物語』岩波書店（1983）
- ジョアンナ・ヌーマン、北山訳『情報革命という神話』柏書房（1998）
- CONSERVATORIES NATIONAL DES ARTS ET METIERS, PARIS,1990
- DE LA MACHINE A CALCULER DE PASCAL A LORDINATEUR, Musee National Des Techniques, PARIS,1990
- Alain Scharing, COMPTER AVEC DES CAILLOUX, Presses Polytechniques et Universitares Romandes, 2001
- The National Museum of Science & Industry, London, 2002
- Charles Babbage and his Calculating Engines, Science Museum, London, 1991
- 『サイエンス・アメリカーナ』1980.8.30 号
- 立花隆『電脳進化論』朝日新聞社（1993）

（3章）
- 日経エレクトロニクス編集部『エレクトロニクス・イノベーションズ』日経エレクトロニクス・ブックス (1981)
- 日経エレクトロニクス編集部『エレクトロニクス50年史と21世紀への展望』日経エレクトロニクス・ブックス (1980)
- 山口栄一『イノベーション　破壊と共鳴』NTT出版株式会社（2007）
- 相田洋編集『電子立国日本の自叙伝』NHK出版 (1995)
- 眞隅泰三編「凝縮系の物理ミクロの物理からマクロな物性へ」別冊日経サイエンス（1997年11月号）

（4章）
- 小黒正樹『マイコン入門講座』廣済堂出版（1980）
- D. E. Johnson, J. L. Hilburn, P. M. Julich ／矢崎銀作・小島紀男訳『マイクロコンピュータの基礎』東海大学出版会（1982）
- 熊谷勝彦『コンピュータ基礎講座』コロナ社（1996）
- 柴山潔『コンピュータアーキテクチャの基礎』近代科学社（2003）

（5章,6章）
- 相田洋『新・電子立国』日本放送出版協会（1997）
- D. E. Johnson, J. L. Hilburn, P. M. Julich ／矢崎銀作・小島紀男訳『マイクロコンピュータの基礎』東海大学出版会（1982）
- 熊谷勝彦『コンピュータ基礎講座』コロナ社（1996）
- 木村幸男・小澤智・松永俊雄・橋本洋志『図解コンピュータ概論ハードウェア』オーム社（1997）
- 早川芳彦・岩田儀一・新田雅道『2006年度初級シスアド標準教科書』（2006）

文 献

（7章）
- 西川猛史『図解雑学ソフトウェア開発』ナツメ社（2002）
- テクノロジックアート『ビジュアルラーニング UML 入門』エクスメディア（2005）
- オージス総研 オブジェクトの広場編集部『その場でつかえる しっかり学べる UML2.0』秀和システム（2006）
- 竹政昭利『はじめて学ぶ UML 第 2 版』ナツメ社（2007）
- テクノロジックアート『基礎からはじめる UML2.4』ソーテック社（2013）

（8章、9章）
- 『情報通信白書平成 25 年度版』総務省（2013）http://www.soumu.go.jp/johotsusintokei/whitepaper/
- 井上信雄『図解・通信技術のすべて』日本実業出版社（2012）
- 『日経 NETWORK 2011 年 5 月号』（2011）

（10章、11章）
- 佐々木良一『IT リスクの考え方』岩波新書（2008）
- 佐々木良一『インターネットセキュリティ入門』岩波新書（1999）
- 会田和弘／佐々木良一監修『情報セキュリティ入門』共立出版（2009）
- 板倉正俊『インターネット・セキュリティとは何か』日経 BP 社（2002）
- 園田寿・野村隆昌・山川健『ハッカー VS. 不正アクセス禁止法』日本評論社（2000）
- 相戸浩志『よくわかる最新情報セキュリティの基本と仕組み』秀和システム（2007）
- 土居範久監修『改訂版情報セキュリティ教本』実教出版（2009）
- 独立行政法人情報処理推進機構『四訂版情報セキュリティ読本』実教出版（2012）
- 大橋充直『図解・実例からのアプローチ ハイテク犯罪捜査入門──基礎編』東京法令出版（2004）
- 大橋充直『図解・実例からのアプローチ ハイテク犯罪捜査入門──捜査実務編』東京法令出版（2005）
- 大橋充直『図解・実例からのアプローチ サイバー犯罪捜査入門──捜査応用編』東京法令出版（2010）
- 岡嶋裕史『暗証番号はなぜ 4 桁なのか？』光文社新書（2005）
- 菅野文友『コンピュータ犯罪のメカニズム』日科技連（1989）
- 不正アクセス対策法制研究会編著『逐条不正アクセス行為の禁止等に関する法律（補訂第二版）』立花書房（2008）
- SE 編集部編著『僕らのパソコン 30 年史』翔泳社（2010）
- ばるぼら『教科書には載らないニッポンのインターネットの歴史教科書』翔泳社（2005）
- 静谷啓樹『情報倫理ケーススタディ』サイエンス社（2008）
- 矢野直明・林紘一郎『情報社会のリテラシー』産業図書（2008）
- 矢野直明『サイバーリテラシー概論』知泉書館（2007）
- 谷口長世『サイバー時代の戦争』岩波新書（2012）
- 伊藤寛『「第 5 の戦場」サイバー戦の脅威』祥伝社（2012）
- 土屋大洋『サイバー・テロ日米 VS. 中国』文芸春秋新書（2012）

参考 URL

- 高度情報通信ネットワーク社会推進戦略本部 http://www.kantei.go.jp/jp/singi/it2/
- 内閣官房情報セキュリティセンター（NISC）http://www.nisc.go.jp/index.html
- 経済産業省：情報セキュリティ製作ポータルサイト
  http://www.meti.go.jp/policy/netsecurity/index.html
- コンピュータウィルス対策基準 http://www.meti.go.jp/policy/netsecurity/CvirusuCMG.htm
- 総務省：情報通信政策に関するポータルサイト
  http://www.soumu.go.jp/main_sosiki/joho_tsusin/joho_tsusin.html
- 電子署名・電子認証
  http://www.soumu.go.jp/main_sosiki/joho_tsusin/top/ninshou-law/law-index.html
- 国民のための情報セキュリティサイト
  http://www.soumu.go.jp/main_sosiki/joho_tsusin/security/index.html
- サイバー犯罪に関する条約 http://www.mofa.go.jp/mofaj/gaiko/treaty/treaty159_4.html
  （http://www.mofa.go.jp/mofaj/gaiko/treaty/pdfs/treaty159_4a.pdf）
- 警察庁サイバー犯罪対策 http://www.npa.go.jp/cyber/index.html
- インターネット安全・安心相談 http://www.npa.go.jp/cybersafety/
- 警察白書 http://www.npa.go.jp/hakusyo/index.htm
- インターネットホットラインセンター　http://www.internethotline.jp/
- サイバークリーンセンター https://www.ccc.go.jp/
- 独立行政法人情報処理推進機構　http://www.ipa.go.jp/
- 一般社団法人日本ネットワークインフォメーションセンター　https://www.nic.ad.jp/
- JPCERT/CC：http://www.jpcert.or.jp/
- CSIRT：http://www.nca.gr.jp/
- フィッシング対策協議会　https://www.antiphishing.jp/
- 特定非営利活動法人日本ネットワークセキュリティ協会　http://www.jnsa.org/
- 電子政府 e-Gov：法令データ提供システム　http://law.e-gov.go.jp/cgi-bin/strsearch.cgi
- OECD ガイドライン http://www.oecd.org/internet/ieconomy/oecdguidelinesforthesecurityo
  finformationsystems1992.htm
- 文化庁著作権制度に関する情報　http://www.bunka.go.jp/Chosakuken/index.html
- 違法ダウンロード刑事罰化について http://www.bunka.go.jp/Chosakuken/online.html
- JR 東日本「suica」https://www.jreast.co.jp/suica/index.html

INDEX

[数字]

2 進数	61,63,65
2 進法	19
2 値数字	62
3G	166
32 ビット長	148
128 ビット	149

[アルファベット]

A
accountablity	185
ADSL	144,161
Advanced Persistent Threat (APT)	184
Android	106
Anomaly detection	192
ARPA	138
ARPANET	137
ASCII コード	69
ATM	116
AUP	140
authenticity	185
Availability	184

B
back door	180
Binary digit	62
Binary number	62
bit	62
BITNET	139
Bluetooth	168
botnet	178
bps	100
Buffer Overflow	180
Buffer Overrun	180
Bugs	181

byte	67

C
CASE	125
ccTLD	151
CIDR	149
CIX	140
computer viruses	179
computer worms	179
Confidentiality	184
CPU	91
cracker	175
CREN	140
Cross-Site Request Forgeries	181
Cross-Site Scripting	181
CSCW	125
Cybercrime	205,207
Cyber Terrorism	176
Cyberwar	207

D
DDoS：Distributed Denial of Service	178
DDoS 攻撃	183
DFD	125
DNS	150
DNS cache poisoning	183
DNS キャッシュポイズニング	183
DNS サーバ	150
Domain Name System	150
DoS：Denial of Service	178
DoS 攻撃	183

E
Edy カード	120
e-Japan 構想	203
e-JAPAN 戦略	2
ENIAC	27
e- 文書法	190

F
FAT	93
FeliCa	120
Fire Wall	187
FireWire 800	102
FTP	146
FTTH	144,162

G
GMITS	185
gTLD	151,152

H
hacker	175
HTML	146
HTTP	146

I
IaaS	171
IANA	153
IBM カード	25
IC	43
ICANN	153
IEEE802.11 無線 LAN	167
IMAP4	145
incident	190
Integrity	184
Intel	44
Internet Protocol	148
intrusion	177
iOS	106
IP	148
IPA	191
IPng	148
IPv4	148
IPv6	148,149
IP アドレス	148
IP 電話	163
ISDN	143,161
ISMS	185,186
ISO/IEC 27001	185
IT：Information Technology	1
IT 基本法	1,203

J
JIS Q 27001 185,186
JPEG 形式 84
JPNIC 154
JUNET 143

K
key logger 180

L
LAN 137
Line printer 52
Linux 105
Logic bomb 182
LSI 46
LTE 167

M
MacOS 105
MAC アドレス 148
Magnetic core 51
Malware 179
MILNET 140
Misuse detection 192
MS-DOS 105

N
NCP 139
NISCNational Information
Security Center 203
non-repudation 186
NSFNET 140
NSI 153

O
OMG 129
OS 47,103
OSI 参照モデル 145

P
PaaS 171
PASCAL 19
PDCA サイクル 191

P (cont.)
Pharming 184
Phishing 184
PHS 163,166
PLC 168
POP3 145
POS 118
PSTN 163

R
reliability 185
risk 186

S
SaaS 170
scavenger 182
Security Hall 181
shoulder hacking 182
SMTP 145
Social Engineering 182
spoofing 177
Springboard 182
spyware 180
SQL Injection 181,182
SSL：Secure Sockets Layer 190
Suica 120

T
TCP 147
TCP/IP 137,138,145
TELNET 146
TLD 151
Trojan horses 180
TSS 137

U
Ubiquitous 203
UDP 147
u-Japan 政策 203
UML 126
UNIX 104
URI 150
URL 147,150
UWB 168

V
VLSI 46
VLSM 149
VoIP 163
VPN：Virtual Private Network ......
.... 188
Vulnerability 181

W
WAN 137
WDM 160
WIDE プロジェクト 143
WWW 146

Z
Zigbee 168

［かな］

あ
アクティビティ図 132
アドレス空間 149
アドレススキャン 178
アナログ公衆回線 143
アナログ（Analog）量 61
アナログ量 6
アノマリー検出 192
アバカス 13
アル・ゴア 140
アルテア 45,57
暗号 189

い
イーサネット：Ethernet 167
インクジェット 53
インサイダー 176
インシデント 190
インスタンス 126
インスペクション 127
インターネット接続業者 140
インターネット・ホットラインセ
ンター 204

page 217

INDEX

インテル社..................... 44

う

ウィリアム・ショックレイ 39
ウィルス..................... 179,209
ウォークスルー 127
ウォーターフォールモデル 123
ウォルター・ブラッテン 38,39
打ち切り誤差..................... 65

え

エジソン..................... 34

お

オーディオン..................... 35
オブジェクト..................... 126
オブジェクト指向手法........... 126
オブジェクト図..................... 130
オペレーティングシステム 47

か

下位クラス..................... 126
回線交換..................... 141
仮想プライベートネットワーク .....
.....................188
可用性..................... 184
下流工程..................... 123
完全性..................... 184

き

キーロガー..................... 180
機密性..................... 184
共通鍵暗号..................... 189
業務妨害罪..................... 210

く

クラウドコンピューティング...170
クラス..................... 126
クラス図..................... 130
クラッカー..................... 175
クロスサイト・スクリプティング
.....................181,183

クロスサイト・リクエスト・フォー
ジェリ..................... 181,183
クロック周波数..................... 91

け

警察白書..................... 196,197,199,200
計算尺..................... 16
継承..................... 126
携帯電話..................... 163,164
ケプラーの法則..................... 17

こ

コア..................... 51
公開鍵暗号..................... 189
交換機..................... 141
構造化手法..................... 125
構造化設計手法..................... 126
構造化定理..................... 126
構造化プログラミング..................... 126
構造化分析手法..................... 125
構造図..................... 129
高等研究計画局..................... 138
国際化ドメイン名..................... 152
コストモデル..................... 123
ゴミ漁り..................... 182
コミュニケーション図..................... 133
コンピュータ犯罪 196,197,199
コンポーネント図..................... 131
コンポジット構造図..................... 131

さ

サービス妨害..................... 183
サイバー戦争..................... 207
サイバーテロ..................... 176
サイバーテロリスト..................... 176
サイバー犯罪
203,204,205,206,207,208
サイバー犯罪条約 205,209
産業スパイ..................... 176
算術シフト演算..................... 83

し

シーケンス図..................... 133

磁気コア..................... 51
辞書攻撃..................... 178
磁芯記憶素子..................... 50
自動計算機..................... 26
時分割処理形態..................... 137
ジャック・スカッフ..................... 38
集積回路..................... 43
循環小数..................... 65
上位クラス..................... 126
商標権..................... 202
情報スーパーハイウェイ構想. 140
情報セキュリティ..................... 184
情報セキュリティのCIA .. 184,185
情報セキュリティマネジメントシ
ステム.....................185
情報の定義..................... 9
情報漏洩..................... 178,183
上流工程..................... 123
ジョーン・バーディーン..................... 39
所有物認証..................... 188
ショルダーハッキング..................... 182
シリコン..................... 38
シリコントランジスタ..................... 41
真空管..................... 28,30
真正性..................... 185
侵入..................... 177
信頼性..................... 185
信頼性成長曲線..................... 128
真理値表..................... 78,79,80

す

水銀遅延式方式..................... 50
ステートマシン図..................... 132
スパイウェア..................... 179,180
スパイラルモデル..................... 124

せ

脆弱性..................... 181
生体認証..................... 188
セイモア・クレイ..................... 55
整流素子..................... 39
責任追跡性..................... 185
セキュリティホール........ 181,184

接合型トランジスタ.................. 40	電子署名........................ 189	バグ 181
セレン 38	電子署名法........................ 189	パケット交換 138
ゼロデイ攻撃.................... 181	電子メール........................ 145	パケット通信 141
全角文字............................ 71	点接触トランジスタ 40	パケットの順序の保証.......... 142
		パスカリーヌ 18,19
そ	**と**	パスカル........................ 18,19,82
相互作用概要図 135	統一モデリング言語................ 128	パスワードクラック............ 178
ソーシャルエンジニアリング........	到着性の保証 141	パソコン通信 198
.... 181,182,184	独立行政法人情報処理推進機構....	ハッカー........................ 175
ソフトウェア........................89	191	バックドア.......... 179,180,182
ソフトウェア工学 123	ドット・マトリックス・プリンタ	パッケージ図 130
	53	バッファオーバーフロー 180
た	トップ・レベル・ドメイン 151	バッファオーバーラン............ 180
大規模集積回路 46	ドメイン........................ 150	バナーチェック 178
タイミング図 133	ドメイン名........................ 151	半角文字........................ 68
単精度 76	トランジスタ 77	半加算器........................ 80
	トロイの木馬............ 179,180,182	
ち		**ひ**
知識認証............................ 188	**な**	光回線 162
知識の定義........................ 11	内閣官房情報セキュリティセン	光ファイバー 162
チューリング 29	ター 203	ビット 62
超大規模集積回路 46	内部関係者........................ 176,196	ビットマップ（Bitmap）形式... 84
著作権法............................ 202	なりすまし........................ 177,184	否認防止........................ 186
		標的型攻撃........................ 184,202
つ	**に**	ビル・ゲイツ 57
通信自由化........................ 143	ニブル 67	
通信プロトコル 138	認証 188	**ふ**
通話アプリ............................ 164		ファーミング詐欺 184,202
	ね	ファイアーウォール.............. 187
て	ネットワーク 138	フィッシング行為 202,208
出会い系サイト規制法 201	ネットワーク利用犯罪......200-199	フィッシング詐欺 184,201,202
データ改竄.................... 177,183	ネピア 16	不正アクセス禁止法... 200,201,208
データ認証........................ 188		不正指令電磁的記録罪............ 209
データの定義............................ 10	**の**	不正指令電磁的記録保管............ 208
データ破壊.................... 177,182	ノイマン............................ 29,30	不正プログラム 179
デザインレビュー 127	ノイマン型コンピュータ 91	不正利用........................ 177,182
デジタル回路...................... 77		踏み台 182
デジタル・デバイド 3	**は**	振る舞い図........................ 129
デジタル（Digital）量.......... 6,61	ハードウェア 89	プレーナ型トランジスタ 42
テストの種類........................ 127	倍精度 77	フレミング 34
テロリズム............................ 207	配置図 131	プログラム........................ 23,28,29
電界効果トランジスタ 43	ハイテク犯罪 199,200	プロセスモデル 123
電子消費者契約法 201	バイト 67	フロッピー・ディスク.............. 54

page | 219

INDEX

プロトコル........................ 144,145
プロトコル群（プロトコル・スイート）................................ 145
プロトタイプモデル............... 124
プロバイダ責任制限法..... 202,210

へ

並列分散型サービス妨害攻撃...178

ほ

ポートスキャン 178
補数 19,73,74,75
保全性 184
ボットネット 178,183

ま

マイクロプロセッサ......... 1,44,55
マルウェア 179,184

み

ミスユース検出 192
ミドルウェア 103,106

む

ムーアの法則............................ 58
無線アドホックネットワーク.. 170

め

名誉毀損................................... 210
メサ型トランジスタ 41

も

文字コード 68
モバイルネットワーク（移動体通信網）..................................... 164

ゆ

ユーザ認証............................... 188
ユースケース図 132
愉快犯 176,207
ユニバック.............................. 26
ユビキタス.............................. 203

ら

ライプニッツ 19,20
ライン・プリンタ 52
ラッセル・オール 38

り

リー・ド・フォーレ 35
リスク 186
リレー 26,28

る

ルータ 142

れ

レジストリ・レジストラ制度...154
レビュー................................. 127

ろ

ロバート・ノイス 41
論理シフト演算 83
論理積回路.............................. 78
論理爆弾 179,182
論理和回路.............................. 79

わ

ワークステーション................ 56
ワーム 179
ワンクリック詐欺 201

〈編著者〉

岡田　工（おかだ　たくみ）

1990 年　東海大学工学部電子工学科卒業
1992 年　東海大学大学院工学研究科電子工学
　　　　専攻修士課程修了
2003 年　産業技術総合研究所光電子制御デバ
　　　　イスグループ客員研究員
2009 年　香川大学大学院工学研究科材料創造
　　　　工学専攻博士後期課程修了
現　在　東海大学理系教育センター教授
　　　　博士（工学）〔5,6 章〕

福﨑　稔（ふくざき　みのる）

1980 年　東海大学工学部原子力工学科卒業
1980 年　医療法人社団蓮見癌研究所 NMR 室
1997 年　ユタ大学医学部放射線科・先端医療
　　　　技術センター共同研究員
　　　　東海大学名誉教授　博士（理学）
　　　　〔1,2,3,4 章〕

〈著者〉——執筆順——

守屋政平（もりや　まさへい）

1962 年　東京理科大学理学部物理学科卒業
　　　　元日本大学文理学部教授　〔1,2,3 章〕

佐藤弘幸（さとう　ひろゆき）

1987 年　東海大学工学部通信工学科卒業
1989 年　東海大学大学院工学研究科電気工学
　　　　専攻修士課程修了
現　在　東海大学情報通信学部情報通信学科
　　　　准教授　〔7 章〕

宇津圭祐（うつ　けいすけ）

2007 年　東海大学電子情報学部コミュニケー
　　　　ション工学科卒業
2009 年　東海大学大学院工学研究科情報通信
　　　　制御システム工学専攻修士課程修了
2010 年　日本学術振興会特別研究員
2011 年　東海大学大学院総合理工学研究科総
　　　　合理工学専攻修了
現　在　東海大学情報理工学部情報メディア
　　　　学科准教授　博士（工学）〔8,9 章〕

谷口郁生（たにぐち　いくお）

1988 年　日本大学文理学部哲学科卒業
1994 年　日本大学大学院文学研究科博士後期
　　　　課程哲学専攻満期退学
現　在　日本大学スポーツ科学部競技スポー
　　　　ツ学科准教授　〔10,11 章〕

情報化時代の基礎知識　第4版

2007 年 4 月 25 日　第 1 版第 1 刷発行
2025 年 4 月 24 日　第 4 版第 1 刷発行

編著者　岡田　工／福崎　稔
著　者　守屋政平／佐藤弘幸
　　　　宇津圭祐／谷口郁生
発行者　鋤柄　禎
発行所　ポラーノ出版
　　　　〒 195-0061 町田市鶴川 2-11-4-301
　　　　Tel 042-860-2075　Fax 042-860-2029
　　　　mail@polanopublishing.com

印刷　モリモト印刷

カバーデザイン　宮部浩司
校正　　　　　　松田修二

© Takumi Okada et al. 2025
Printed in Japan　ISBN978-4-908765-44-5 C3055